Lichtmess

Essay zum Wesen des Lichtes

von

Hans-Christian Zehnter

Impressum

Hans-Christian Zehnter

Lichtmess – Essay zum Wesen des Lichtes

Edition Anblick, www.sehenundschauen.ch

Copyright: Alle Rechte liegen beim Verfasser.

Layout: Atelier Doppelpunkt, Basel

Bildnachweis: So weit nicht anders angegeben, stammen die Abbildungen vom Verfasser oder sind Public Domain-Quellen entnommen.

Sentovision GmbH

1. Auflage: Januar 2017

ISBN: 978-3-03752-101-4

Inhalt

Gewidmet
Georg Maier
(26.5.1933 – 14.6.2016)

Lesemotivation I

Dem Essay werden zwei Lesemotivationen, gleichsam ‹Appetizer›, vorangestellt. Im ersten der beiden wird mit den in Aussicht stehenden Früchten des ganzen Vorhabens – die sich als solche freilich erst im Verlauf und am Ende der Untersuchung ergeben werden – geworben. Der zweite versucht, aufgrund von recht dramatischen Äußerungen Rudolf Steiners zur Elektrizität und zum Thema Licht darauf hinzuweisen, wie notwendig die angestrebte Blickwendung ist. Die zweite Lesemotivation stimmt angesichts der bisherigen Entwicklung unserer naturwissenschaftlichen Vorstellungsweisen bedenklich, die erste indes blickt verheißungsvoll in die Zukunft.

Erneut wird hier der Versuch unternommen, der Frage «Was ist Licht?» nachzugehen. Im Rahmen dessen kommt dem Problem, ob Licht sichtbar sei oder nicht, eine Schlüsselrolle zu.

Die folgenden Untersuchungen führen zu überraschenden Ergebnissen, die paradigmatischen Charakter tragen:

1. Licht ist ein Phänomen, das nicht ohne ein sehendes Auge begriffen werden darf noch kann. Licht ist kein Phänomen einer ‹objektiven Aussenwelt›, sondern einer ‹objektiven Innenwelt› des sehenden Menschen.
2. Alle Suche nach dem Licht durch die neuzeitliche Physik gleicht daher einem «Götzendienst».[1] Das gilt letztlich auch für die in diesem Zusammenhang verliehenen Nobelpreise an Größen wie Albert Einstein, Max Planck und Niels Bohr. Das wird hier erwähnt, nicht um die Leistungen dieser einmaligen Forschergrößen zu schmälern, sondern um einerseits deutlich werden zu lassen, wie radikal der in diesem Essay entwickelte Paradigmenwechsel zu denken ist bzw. andererseits, in welch erstaunliche Sackgasse wir Menschen der Neuzeit geraten sind. Licht hat weder mit Quanten, Photonen, noch mit Wellen oder Teilchen zu tun!

3. Ein so folgenschwerer Paradigmenwechsel führt weitereichende Konsequenzen mit sich, durch die auch unser materialistisch geprägtes Bild von einer gegenständlichen Gegebenheit der Welt um uns herum grundsätzlich in Frage gestellt wird.

4. Licht kann sowohl sichtbar als auch unsichtbar sein. Hierbei kommt es a) auf die Art des Sehens und b) auf den jeweils in Betracht gezogenen Phänomen-Zusammenhang an.

5. Licht ist einerseits Sinneserfahrung und andererseits ein über die Sinneserfahrung hinausführendes – übersinnliches – Erlebnis. Es gibt ein diesseitiges und ein jenseitiges Licht. Das Erlebnis ‹Licht› setzt sich zusammen aus Helligkeit, Leuchten und Bewusstsein.

6. Licht und Bewusstsein, Sonne und Auge sind ein Licht. Licht – auch Helligkeit und Leuchten – trägt Bewusstseinsqualität. «Das Licht der Natur und des Bewusstseins verschwistern sich im Auge und bringen das Sehvermögen zustande.»[2]

7. Licht ist die Parusie Gottes – in allen Sinnen, auch im Riechen, Hören, Tasten etc. Licht und das Leben in den Sinnen sind eins.

Lesemotivation II

(Quelle: Symbolbild – Goran Basic, NZZ)

R udolf Steiner mahnte in entschiedenen Worten den Irrweg der gegenwärtigen Naturwissenschaft an und bezog sich dabei insbesondere auf deren Vorstellung vom Licht. Ich zitiere einige seiner Ausführungen, um die Dringlichkeit des in diesem Buchessay unternommenen Versuches eines Paradigmenwechsels zu verdeutlichen und erlaube mir dabei, besonders bemerkenswerte Passagen kursiv hervorzuheben.[3] Die Aussagen Rudolf Steiners mögen nicht als Beleg aufgefasst werden, sondern als eine – wenn auch gewichtige – Stimme gelten, die sich zu unserer Thematik zu Worte meldet. Weder soll mit dieser zweiten Lesemotivation Rudolf Steiner bewiesen, noch soll damit der hier verfolgte Ansatz durch Rudolf Steiner untermauert werden. Es geht mir vielmehr darum, einen Warnruf zur Geltung kommen zu lassen, um auf diese Weise – das sei einmal mehr gesagt – zu Beginn des Essays das Leseinteresse zu wecken.

«Würde diese [heutige; Anm. HCZ] Naturwissenschaft bleiben, dann würde die Erde nicht an das Ziel ihrer Entwickelung kommen können, sondern die Menschheit würde ein Bewusstsein entwickeln, das nicht aus der Verbindung mit ihrem göttlich-geistigen Ursprung, sondern aus der Abspaltung vom göttlich-geistigen Ursprung herkommt. Also wir haben heute tatsächlich nicht nur theoretisch das Reden von den Grenzen der Naturerkenntnis, sondern wir haben positiv, materiell, in dem, was unter dem Einfluss des Intellektualismus sich entwickelt, eben eine schon unter ihr Niveau heruntergesunkene Menschheit. Würde man im Sinne des Mittelalters, das heißt, mit den Worten des Mittelalters sprechen, dann würde man sagen müssen: Die Naturwissenschaft ist dem Teufel verfallen. [...] Mit der heutigen Wissenschaftlichkeit lässt sich das Erdenziel nicht erreichen.»

«Der Gedanke der Menschen ist ganz eingesponnen worden von der Elektrizität, und das seit noch gar nicht langer Zeit. Heute reden wir von den Atomen als von etwas, wo sich um eine Art kleiner Sonne, um einen Mittelpunkt herum, die Elektrizität lagert; von Elektronen reden wir. Wenn wir also hineinschauen in das Weltengetriebe, so vermuten wir überall Elektrizität. [...]

Die Elektrizität ist dem modernen Menschen auf die Nerven gegangen und hat aus den Nerven alles, was Hinlenkung zum Geistigen ist, herausgeschlagen.

Es ist ja noch weiter gekommen. Das ganze ehrliche Licht, das durch den Weltenraum flutet, ist ja nach und nach verleumdet worden, auch so etwas Ähnliches zu sein wie die Elektrizität. [...]

Wenn heute einer den moralischen Impulsen reale Wirksamkeit zuschreibt, so dass sie die Kraft in sich haben, wie ein Pflanzenkeim später sinnliche Realität zu werden, dann gilt er als ein halber Narr. Wenn aber etwa heute jemand kommen würde und Naturwirkungen moralische Impulse zuschreiben würde, dann gälte er als ein ganzer Narr. Und dennoch, wer jemals mit wirklicher geistiger Anschauung den elektrischen Strom bewusst durch sein Nervensystem gehen gefühlt hat, der weiß, dass Elektrizität nicht bloß eine Naturströmung ist, sondern dass Elektrizität in der Natur zu gleicher Zeit ein Moralisches ist, und dass in dem Augenblicke, wo wir das Gebiet des Elektrischen betreten, wir uns zugleich in das Moralische hineinbegeben. Denn wenn Sie Ihren Fingerknöchel irgendwo in einen geschlossenen Strom einschalten, so fühlen Sie sogleich, dass Sie Ihr Innenleben in ein Gebiet des Innenmenschen hinein erweitern, wo zugleich das Moralische herauskommt. Sie können die Eigenelektrizität, die im Menschen liegt, in keinem andern Gebiete suchen, als wo zugleich die moralischen Impulse herauskommen. Wer die Totalität des Elektrischen erlebt, der erlebt eben zugleich das Naturmoralische. *Und ahnungslos haben eigentlich die modernen Physiker einen sonderbaren Hokuspokus gemacht.* Sie haben das Atom elektrisch vorgestellt und haben aus dem allgemeinen Zeitbewusstsein heraus vergessen, dass sie dann, wenn sie das Atom elektrisch vorstellen, diesem Atom, jedem Atom einen moralischen Impuls beilegen, es zugleich zu einem moralischen Wesen machen. *Aber ich spreche jetzt unrichtig. Man macht nämlich das Atom, indem man es zum Elektron macht, nicht zu einem moralischen Wesen, sondern man macht es zu einem unmoralischen Wesen.* In der Elektrizität sind allerdings schwimmend die moralischen Impulse, die Naturimpulse – aber das sind die unmoralischen, das sind die Instinkte des Bösen, die durch die obere Welt überwunden werden müssen.

Und der größte Gegensatz zur Elektrizität ist das Licht. Und es ist ein Vermischen des Guten und des Bösen, wenn man das Licht als Elektrizität ansieht. Man hat eben die wirkliche Anschauung des Bösen in der Naturordnung verloren, wenn man sich nicht bewusst ist, dass man eigentlich die Atome, indem man sie elektrifiziert, zu den Trägern des Bösen macht, nicht nur [...] zu den Trägern des Toten, sondern zu den Trägern des Bösen. Zu den Trägern des Toten macht man sie, indem man sie überhaupt Atome sein lässt, indem man die Materie atomistisch vorstellt. In dem Augenblicke, wo man diesen Teil der Materie elektrifiziert, in demselben Augenblicke stellt man sich die Natur als das Böse vor. Denn elektrische Atome sind böse, kleine Dämonen. Damit ist eigentlich recht viel gesagt. Denn es ist damit gesagt, dass die moderne Naturerklärung auf dem Wege ist, sich mit dem Bösen richtig zu verbinden. [...]

Denn wenn wir heute den Physiker sehen, wie er ahnungslos erklärt, die Natur bestehe aus Elektronen, so erklärt er nämlich in Wirklichkeit, die Natur bestehe aus kleinen Dämonen des Bösen. Und es wird, indem man dann diese Natur nurmehr anerkennt, das Böse zu dem Weltengotte erklärt. [...]

Wäre Anthroposophie fanatisch, wäre Anthroposophie asketisch, so würde jetzt natürlich ein Donnerwetter folgen auf die Kultur der Elektrizität. Das wäre aber ein selbstverständlicher Unsinn, denn so reden können nur diejenigen Weltanschauungen, die nicht mit der Wirklichkeit rechnen. Die können sagen: O das ist ahrimanisch! Weg davon! – Das kann man nämlich nur in der Abstraktion tun. [...] So dass dieses ganze Wettern über den Ahriman, wenn es noch so heilig klingt – verzeihen Sie den trivialen Ausdruck –, Mumpitz ist. Man kann sich eben nicht davor verschließen, dass man mit dem Ahriman leben muss. Man muss nur in der richtigen Weise mit ihm leben, man muss sich nur nicht von ihm überwältigen lassen. [...]

Daher hat die ahrimanische Elektrizität über den Kulturmenschen nur so lange Gewalt, solange der Mensch ganz hübsch unbewusst, ahnungslos die Atome elektrifiziert und glaubt: das ist eben harmlos. Er wird dabei nur nicht gewahr, dass er sich so die Natur aus lauter kleinen Dämonen des Bösen bestehend vorstellt. Und wenn er gar noch das Licht elektrifiziert, wie es eine neuere Theorie getan hat, dann dichtet er dem guten Gotte die Eigenschaften des Bösen an. Es ist eigentlich erschreckend, in welch hohem Grade ahnungslos unsere heutige Naturforschung eine Dämonolatrie ist, eine Anbetung der Dämonen. Man muss sich dessen nur bewusst werden, denn auf die Bewusstheit kommt es dabei an — wir leben im Zeitalter der Bewusstseinsseele. [...]*

Nicht wahr, Umdenken und Umempfinden waren die Worte, die ich gestern gebraucht habe. Zu einem solchen Umdenken und Umempfinden, nicht bloß zum Betrachten eines andern Weltbildes müssen wir kommen. Und wir müssen uns den Mut zulegen, moralische Begriffe, also in diesem Falle antimoralische Begriffe anzuwenden, wenn wir von Elektrizität sprechen. Vor den Dingen gruselt es ja dem modernen Menschen. Er empfindet es unangenehm, wenn er sich gestehen soll, dass er sich, wenn er in die elektrische Bahn einsteigt, auf den Sessel des Ahriman setzt.»⁴

So weit das Auge reicht: Ahnungslosigkeit.
«Pokémon Go»-gamende Jugendliche vor dem
Solothurner Kunstmuseum (Foto: HCZ)

Wie «hübsch unbewusst» und «ahnungslos» wir heutzutage diesbezüglich sind, wird am Umgang mit und dem Verständnis von der Computer- und Smartphone-Technologie deutlich. In einem Artikel der NZZ vom 8. August 2016 werden Perspektiven des ‹Outer-Net› geschildert – dies anlässlich des allenthalben präsenten Erfolges der Spiele-App «Pokémon Go», die zu diesem Zeitpunkt gerade erst einen Monat auf dem Markt war. Mit einem Male findet man die Jugendlichen wieder draußen an städtischen Sehenswürdigkeiten und Plätzen versammelt, jeder in sein Smartphone vertieft, um Punkte im Pokémonspiel zu machen. Die Visionen, die sich hieraus ergeben, sind klar; die urbane Erfahrung wird sich durch die erweiterte, virtuelle Realität grundlegend verändern. «Über die physischen Orte wird eine neue, digitale Schicht gelegt. [...] Die smarten Städte von morgen werden zu einem Hybrid aus physischer und digitaler Welt werden, ein Triumph der Atome und Bits.»[5]

Dass auch die heutigen Quantenphysiker dieser Ahnungslosigkeit unterliegen, wird im Exkurs «Können Quanten das Wesen des Lichtes begreiflich machen?» näher behandelt.

Es sei hier der Vollständigkeit halber und in aller Kürze angedeutet, welche Perspektive Rudolf Steiner seinerseits für eine ‹gute› Naturwissenschaft sah. Es müsse eine solche sein, die den Menschen wieder an die geistige Welt anbinde, die den Christus wieder in sich aufzunehmen vermöge. Das bedeute beispielsweise den von Goethe vorgezeigten Forschungsansätzen zu folgen (Urpflanze, Metamorphose, Farbenlehre); es bedeute beispielsweise, das Werden der Erde nicht aus dem Materiellen und Stofflichen erklären zu wollen, sondern aus einem stufenweisen ‹Auskristallisieren› aus der geistigen Welt über die vier elementaren Zustände des Feurigen, Luftigen, Flüssigen schließlich zum Festen; es bedeute, den Menschen aus seiner Zuschauerposition herauszuholen und ihn mit seinem sinnlich-sittlichen Empfinden, seiner Moralempfindungsfähigkeit wieder an die Naturerscheinungen anzubinden. Es bedeute also, ein schauendes Bewusstsein zu entwickeln, das die mit der Sinneswirklichkeit gegebenen Ideen bzw. geistigen Inhalte wieder aufzufassen in der Lage ist.[6]

Im Spannungsfeld

Nach den beiden vorangegangenen, mehr allgemeinen Lesemotivationen sei nun noch vorangestellt, was mich zu diesem Buch-Essay bewogen hat – seinem Inhalte, seiner Methode und seiner Form nach.

Alltag

Das Phänomen des Lichtes beschäftigt mich weniger aus physikalischer oder experimenteller Sicht, als vielmehr aus der Sicht desjenigen, dem Phänomene des Alltages – die Kerzenflamme; ein Lichtstrahl, der vielleicht durch ein Kirchenfenster fällt; die morgendliche Dämmerung; der Schatten und der Glanz auf grünen Blättern – zu anregenden Rätsel-Erscheinungen geworden sind.[7]

Wirklichkeit

Hinzu gesellt sich die Einsicht, dass Wirklichkeit durch und mit dem Menschen zur Erscheinung kommt, in dem sich ihre sinnliche Seite und ihre ideelle Seite zur geistgetragenen Wirklichkeit vereinen, so wie es Rudolf Steiner in seiner erkenntnistheoretischen Grundlegung der Anthroposophie mehrfach ausgeführt hat (siehe Exkurs: Wie ist unsere Wirklichkeit konstituiert?).[8] Diese Einsicht ist mir Antrieb, die Welt um mich herum nicht mehr aus der Sicht des externen Zuschauers verstehen und aneignen zu wollen, sondern unter Einbezug meiner selbst – denn in und mit mir findet Wirklichkeit statt. Daraus ergeben sich essentielle Konsequenzen für das, was wir gewohnt sind, Licht zu nennen.

Internalisieren

Das Licht ist uns allerdings aus dem Blick geraten – wir haben es externalisiert. Dieser Buch-Essay möchte das Licht wieder ins Sehen, ins eigene Erleben hineinführen. Wenn wir uns dazu von neuzeitlichen Erkenntniszugängen absetzen, so geht es nicht um deren Abwertung, es geht mir nicht um eine Polemik, sondern darum, den Weg freizuräumen, um im Sehen ein bewusstes Erlebnis von Licht gewinnen zu können. Hierfür sollte man sich allerdings darüber klar werden, welche Wege zum Ziele führen und welche eher Abwege sind. Dafür braucht es Offenheit und Bereitschaft, etwaig liebgewonnene Ansichten doch auch wieder fallen zu lassen.

Hierzu wird versucht, einen Mittelweg zwischen einer Materialisierung des Lichtes im Teilchen- oder Energiedenken und einem Flüchtigwerden des Lichtes in einer rein jenseitigen Heilserfahrung zu finden. *Die Mitte findet sich einerseits dadurch, dass wir das Hinschauen ins Sinnliche pflegen und andererseits dadurch, dass ein vorstellungsfreies Denken in Anbindung an die sinnlichen Erscheinungen ausgebildet und erübt wird. Beides – Sinnesbeobachtung und vorstellungsfreies Denken – werden im schauenden Bewusstsein zusammengehalten.*

Ein Essay

Das vorgelegte Buch möge in seinem Essay-Charakter ernst genommen werden. Es ist ein Versuch! Und zudem ein solcher, der keineswegs auf eine möglichst vollständige Zusammenstellung von Phänomenen am Licht ausgelegt ist. Es ist vielmehr eine entwickelnde und sich vortastende Studie entlang von schlichten Alltagsphänomenen des Lichtes sowie entlang von Exkursen und Randbemerkungen. *Dabei entwickeln und verwandeln sich auch die Begriffe, sodass nicht bloß ein definitorisches, sondern vielmehr ein mitgehendes, mitdenkendes, mitentwickelndes Lesen gefragt ist.* Was mir auf diesem Gang als hervorhebenswert erscheint, ist im Text kursiv gesetzt.

Synonym

Dafür, für dieses entwickelnde Verfahren, werden u.a. verschiedene Begriffe synonym verwendet. Solche Begriffe weisen auf das Gleiche hin, auch wenn sie vielleicht aus verschiedenen Umkreisen und verschiedenen Richtungen heraus den Blick lenken. Beispielsweise werden in diesem Essay die Begriffe ‹moralische Naturauffassung›, ‹sinnlich-sittliche Betrachtungsweise›, ‹seelisches Beobachten›, ‹Gestaltsehen› und ‹schauendes Bewusstsein› mehr oder weniger synonym verwendet. Da all diese Begriffe im heutigen Sprachgebrauch aber nicht mehr ‹handelsüblich› sind (oder wenn doch, in einem anderen Verständnis Anwendung finden), so sollen sie an dieser Stelle kurz erläutert werden. Hierbei schere ich die fünf Begriffe – gemäß ihrer

‹Synonymität› – bewusst über einen Kamm, sodass deutlich wird, dass sie in ihrem Kern auf dasselbe verweisen.

Sie alle deuten auf die Beteiligung des inneren Erlebens des Menschen entlang der sinnlichen Erscheinungen hin und darauf, dass mit diesem inneren Erleben auch das Wesen der Dinge erfasst wird. Begriffe sind dazu da, um auf dieses eigentlich zugrundeliegende und wesensgetragene Erlebnis aufmerksam zu machen. In diesem Sinne meint der Begriff ‹moralisch›, dass es um etwas geht, was sich nur im Menschen finden lässt. Alles Moralische entsteht und erscheint ja erst im menschlichen Geist; die ‹Natur› ist für sich primär kein Ort der Moral. Gerade aber, indem der Mensch seinen Geist und seine Erlebnisfähigkeit, mithin sein Inneres an die sinnlichen Naturerscheinungen heranträgt, gerade dadurch verbindet er den Bereich, in dem sonst allein das Moralische zur Erscheinung kommt, mit den sinnlichen Naturerscheinungen. Was er dabei erlebt, sind Wesenheiten, die ihn seelisch so berühren, wie ihn sonst nur die Welt des Moralischen berührt. Wohlgemerkt: Es geht nicht um ein Wiederauflebenlassen von Moralgesetzen, sondern darum, den Ort und die Fähigkeit, die wir sonst der Entwicklung des Moralischen zur Verfügung stellen, auch an die Natur, an die Sinneserscheinungen heranzuführen, sodass wir dort und dann von Wesenhaftem berührt werden. Wir sagen ja nicht umsonst, dass uns ein bestimmtes Erlebnis – sei es ein Bach-Konzert, sei es ein Naturereignis, sei es eine Begegnung mit einem Vogel oder auch die Begegnung mit einem Kunstwerk – in ganz besonderer Weise berührt hat, indes aber keines der genannten Dinge als Objekt auf uns zugetreten ist und uns leiblich berührt hat; es hat uns vielmehr in unserem Inneren berührt. Dort ist es aufgetreten und hat sich uns seelisch kundgetan, hat uns berührt.

Um solche Innenerlebnisse angesichts der Sinneswelt mehr und mehr ins Bewusstsein heben zu können, bedarf es der ‹seelischen Beobachtung› – der Beobachtung also des eigenen Inneren parallel zur gleichzeitigen Beobachtung der äußeren Natur.

Je mehr uns das gelingt, desto mehr erhebt sich dieses Innere konturiert ins eigene Bewusstsein, während man zeitgleich den Blick auf die sinnliche Erscheinung bezogen hält – das eigene Sehen wird zum ‹Schauen›.

Goethes und Schillers Bemühungen etwa um eine ‹sinnlich-sittliche›, also moralische Auffassung im dargestellten Sinne der Farbenwelt, gehören hier her, genauso wie aber auch jegliches Sehen von ‹Gestalt› bereits ein Eingreifen der im Menschen aufgehenden Innenwelt in die sinnliche Darbietung bedeutet.

Was so in aller Kürze angedeutet ist, wird sich hoffentlich durch die Lektüre des Essays allmählich erhellen ... und es ist dann vielleicht geboten, ab und an auf die hier gegebene Kurzfassung zu rekurrieren.

Warum aber – so kann man mit einem gewissen Recht fragen – verwenden wir dann nicht immer nur *einen* Begriff für dasselbe Gemeinte. Würden wir ein solches ernsthaft fordern, so würden wir alle Kulturentwicklung und jeglichen Sinn eines Austausches zwischen den Kulturen mit einem Handstreich vom Tische wischen. Wie bereichernd ist es doch, gerade durch die verschiedenen Sprachen für die Nuancen dessen wach zu werden, was wir im deutschsprachigen Kulturkreis ‹Baum› nennen. Der Engländer sagt dazu ‹tree›, der Franzose ‹l'arbre›, der Finne sagt ‹Puu›, und der Grieche ‹Déntro›. Jedes Wort klingt anders und malt durch seine Laute und deren Klang ein anderes Bild von ‹Baum› in unserem inneren Erleben. Was wir zuvor nur unter ‹Baum› kennengelernt hatten, erhält so eine Bereicherung durch all diese Facetten der verschiedenen Blickrichtungen oder auch Begriffe. – Wie arm wäre also doch die Welt, wenn wir uns nur auf einen der vielen Sichtweisen bzw. Begriffe begrenzen würden!

Und das sei hier auch noch angeführt: Das, worauf die Begriffe sich beziehen, sind alles vorstellungsfreie Gebiete in unserem inneren Erleben. Das Verwenden von Synonymen in dem hier gemeinten Sinne macht uns also vertraut damit, auf das gemeinte vorstellungsfreie Seelengebiet zu blicken und zu lauschen, anstatt uns auf definitorische Begriffe äußerlich abstützen zu wollen.

Sich entwickelnde Begriffe

Es gibt aber auch den reziproken Fall: Ein und dasselbe Wort hat je nach Leseart andere Bedeutungen. Wir nennen dies auch gerne ‹Teekesselchen›. Ein Beispiel hierfür ist ‹Schuppen›. Wir haben solche nicht nur auf dem Kopf, und auch nicht nur der Fisch hat sie auf seiner Haut, sondern wir finden Schuppen auch in zahlreichen Hausgärten und in größerer Ausgestaltung auf zahlreichen landwirtschaftlichen Betrieben.

Ebenso ist der gerade gemachte ‹Absatz› kein solcher, durch den viele Frauenschuhe in mehr oder weniger prononcierter Weise einen stakkatoartigen Schreitklang hervorzurufen vermögen.

Und je nachdem, ob ein ‹der› oder ein ‹die› davorsteht, wird ‹Heide› zu einem Begriff der Religionsgeschichte oder zur Bezeichnung einer ausgedehnten Landschaftseinheit bzw. zur Bezeichnung eines ‹herzigen› Krautes zu unseren Füßen.

Und genauso – das heißt mit der inneren Beweglichkeit, die dafür notwendig ist – gerät in diesem Essay der Inhalt von Begriffen in einen sich entwickelnden Denkstrom. Der Begriff ‹Lichtquelle› schlägt heute in der Regel mit einer materialistischen Vorstellung an uns heran: Eine Quelle, von der Lichtstrahlen oder Bündel von Quanten ausgehen und ein Objekt erhellen. Legen wir aber diese Vorstellungsweise ad acta und versuchen wir uns einen vorstellungsfreien, phänomenorientierten Begriff zu bilden, dann kann es sein, dass wir den Begriff der Lichtquelle zugunsten des Begriffes ‹selbstleuchtend› verwerfen. Hat man sich einmal an diese Sichtweise gewöhnt, dann kann es vorkommen, dass man zu dem ‹alten› Begriff der Lichtquelle zurückkommt, mit dem nun aber der neu gewonnene, vorstellungsfreie Blick des ‹Selbstleuchtens›, der neu gewonnene Inhalt verbunden ist. Eine solche Rückkehr zu gebräuchlichen Begriffen macht ja auch insofern Sinn, als dadurch der gegenseitigen Verständigung eine Brücke geboten wird.

Auf diesen entwicklungsoffenen Gebrauch von Begriffen sei der Leser dieses Essays vorab gleich hingewiesen – bzw. er sei darauf vorbereitet. Oder sagen wir es positiv: Erkenntnisse werden durch das eigene mitvollziehende Denken gewonnen; der inhaltsverschiedene Gebrauch ein und desgleichen Begriffes bzw. die Verwendung von inhaltsähnlichen Synonymen fordert das Mitdenken heraus – und bereitet so im günstigen Fall den Weg zu selbstgewonnenen Einsichten.

Und klar darf dies keine Entschuldigung für etwaige Unschärfen sein oder für ein Hinweghuschen über Unklarheiten, auf die der Autor den Blick mehr oder weniger fahrlässig noch nicht zu lenken gewagt hat. Andererseits sind gerade wiederum solche – oft auch unvermeidbaren – Unschärfen dann doch wieder Anlass für den Erkenntnisfortschritt in der Gemeinschaft von Forschenden.

Landschaft oder Labyrinth

Der Leser wird keinen autobahngleichen, schnurstracks gerade verlaufenden roten Faden durch die weite Landschaft der Licht-Thematik finden. Es mag sogar sein, dass die vorliegende Zusammenstellung der einzelnen Kapitel einen zunächst kaleidoskopartigen Eindruck hervorruft. Der rote Faden – der aber durchaus vorhanden und auffindbar ist – gleicht vielleicht mehr den Bewegungen eines frei, dadurch aber auch natürlich mäandrierenden Flusses, mit seinen Seiten- und Alt-Armen, mit seinen Nebengewässern und auch mit seinen Kanälen.

Der Vergleich mit einer ‹Landschaft› scheint berechtigt. Auch eine solche lernen wir nicht dadurch auf intime Weise kennen, dass wir mit dem Auto geradewegs und damit in der kürzesten Zeit durch sie hindurch rauschen. Vielmehr müssen wir eine Gegend immer wieder neu, mehrfach also, und immer wieder auch an verschiedenen Orten und zu verschiedenen Zeiten aufsuchen. Wir müssen sie so, nach der anfänglichen Begeisterung, Stück für Stück und oft mit viel Engagement lieben lernen. Und oft müssen wir erst das weite Umfeld einer Landschaft abwandern, bevor wir ihren Kern erfassen, bevor wir ebenso ihre Grenzen abzustecken vermögen.

Es lässt sich mit anderen Worten nicht vermeiden, sich erst einmal mit der Thematik vertraut machen zu müssen. Genauso wenig ist es aber vermeidbar, dass ein Einheimischer unserer Licht-Landschaft (vielleicht ein Berufs-Physiker) mit weit mehr Facetten vertraut ist als ein Neubürger (in diesem Falle der Autor dieses Essays, der von Berufs wegen Biologe ist).

Und um noch einmal die Metapher der Landschaft zu strapazieren: In gewisser Weise sind die Grenzziehungen eines Landschaftsraumes willkürlich. Es kommt dabei vor allem auf den Blickwinkel an, den man für eine solche Absteckung des Terrains einnimmt. Um das Bild schließlich bewusst zu überdehnen: Ich kann nicht erst den ganzen Erdglobus umwandert und erkundet haben, bevor ich mich auf den Weg mache, das Wesen eines ausgewählten Landstriches erfassen und begreifen zu wollen – auch wenn das als Projektziel idealerweise anzustreben ist.

Nur selten wohl sind die Wege gleich, die unterschiedliche Personen durch ein solches Gelände hindurch beschreiten. Auch kommen wir nicht umhin, dass das Umfeld nun einmal viel umfänglicher und ausgedehnter ist als der Kern. Auf diese Weise erklärt sich vielleicht der dem einen oder anderen Leser unverhältnismäßig ausgedehnt erscheinende Anteil von Exkursen und Randbemerkungen in diesem Essay. Um den Kern einer Sache verstehen zu können, bedarf es oft vielfältiger Umkreiserfahrungen. Und um den Weg zum Kern finden zu können, ist es oft nötig, im Umfeld erst zahlreiche Tore zu öffnen und zu durchschreiten, hinter denen sich dann weitere zum Ziele führende Wegweiser oder Richttafeln finden.

Vielleicht hat sich dem einen oder anderen beim Lesen dieser Zeilen auch schon längst das Labyrinth in der Kathedrale von Chartres aufgedrängt: Man hat das Ziel sicher vor Augen, doch kaum befindet man sich im Labyrinth, droht das Ziel aus dem Blick zu geraten; allzu lange schon kreist man in der Peripherie, um sich dann unversehens dem Ziel ganz nahe zu wissen, indes man sich beim nächsten Schritt schon wieder ganz weit nach außen verwiesen findet. Mag sein, dass die Lektüre dieses Essays zu einem verwandten Erlebnis führt. Doch man möge sich getröstet fühlen: Genauso wie das Labyrinth von Chartres schließlich doch zum Ziel führt, so besteht die berechtigte Hoffnung, dass auch dieser Essay das Ziel erreichen wird.

Wegweiser

Zu Beginn dieses Buchessays sei auf zwei in meinen Augen wegweisende Bücher und auf zwei verwandtschaftliche Artikel zum Thema Licht hingewiesen, auf die ich mich im Laufe der folgenden Ausführungen immer wieder beziehen werde:
*   «Nordlicht, Blitz und Regenbogen» von Walther Bühler (Hamburg 1982)
*   «Optik der Bilder» von Georg Maier (Dürnau 1986)
*   Hartmut Böhme: Das Licht als Medium der Kunst: Über Erfahrungsarmut und ästhetisches Gegenlicht in der technischen Zivilisation. Antrittsvorlesung an der Humboldt-Universität zu Berlin am 2. November 1994. Band 66 von Universität Berlin, Humboldt-Universität: Öffentliche Vorlesungen.
*   Wolfgang Streit: Über das Licht und die Lichtgestalt des Menschen. Die Drei Nr. 5/2016.

Leitfrage

Die Lektüre von Publikationen zweier Gegenwartsautoren führte mich in ein kreatives Spannungsfeld, das mich zu dem vorliegenden Essay bewegte. Auf diese beiden Autoren und Publikationen sei explizit hingewiesen, denn vielfach kreisen die folgenden

Ausführungen um deren Suchbewegungen. Ihre spannungsvolle Gegensätzlichkeit einerseits und ihre gleichzeitige Nähe andererseits zu referieren und aufzuklären, wäre einen eigenen Aufsatz wert. Es handelt sich auf der einen Seite um das Buch «Lichtfänger – Die gemeinsame Geschichte von Licht und Bewusstsein» von Arthur Zajonc und auf der anderen Seite um zwei Aufsätze zum Thema Licht von Gernot Böhme in seinem Buch «Atmosphäre – Essays zur neuen Ästhetik» mit den Titeln «Licht als Atmosphäre» und «Licht sehen».

Im Zentrum dieses anregenden Gegensatzes steht die Frage, ob Licht gesehen werden könne. Diese Frage ist Leitfrage für und durch den vorliegenden Essay, der zu seinem Ende hin wieder explizit auf diese Frage eingehen wird.

Exkurs: Wie ist unsere Wirklichkeit konstituiert?

Manche Dinge müssen von Grund auf neu geklärt werden. So ist es auch bei der Frage nach dem Wesen des Lichts. Um uns für eine wesensgemäße Betrachtung freizuschwimmen, stellen wir uns – wie schon viele Vorhergehende – der Frage nach der Konstitution unserer Wirklichkeit. Das neuzeitliche Denken in den Kategorien der Subjekt-Objekt-Trennung hat der heute dominierenden Forschungsweise den Weg bereitet, die die Wirklichkeit außerhalb des Menschen als eine ‹An-sich-Welt› konstatiert, eine Welt, die auch ohne den Menschen gegeben sei, dort, wo wir die Welt der Gegenstände glauben bzw. die den Gegenständen unterlegte gedachte Materie vorstellen. Der Mensch selbst trage nur ein subjektives Bild dieser Wirklichkeit in sich, seine Subjektivität sei daher so weit als möglich aus der wissenschaftlichen Erforschung der wahren Wirklichkeit herauszuhalten. – Wir landen auf diese Weise bei einer objektzentrierten Forschungshaltung, die den Menschen aus der Welt herausnimmt und die Objekte ihrerseits aus der Welt des Menschen externalisiert.

In diesem ja so vermeintlich ‹realistischen› bzw. ‹objektiven› Ansatz verlieren wir die Welt – und die Welt uns. Ich bleibe als Mensch außen vor.

Man muss sich nun allerdings fragen: Wer anderes, wenn nicht der Mensch kann diese, vorhergehend geschilderten Vorstellungen und Folgerungen bilden? Wenn sich derjenige, der sich diese Vorstellungen geschaffen hat, am Ende dieser Vorstellungen gar selbst vor die Tür gesetzt sehen muss, so sollte er sich gestehen, dass er sein Werk nicht gut begonnen hat; und wer bei einem solchen Ende glaubt behaupten zu dürfen, er habe das wahre Ziel erreicht, der hat den Ausgangspunkt seines Weges aus dem denkenden Auge verloren.

Ein vielversprechenderer Anfang zu der Frage nach der Konstitution unserer Wirklichkeit kann nur ein subjektbezogener Ansatz sein. Das ist ein solcher der phänomenologischen Selbstbeobachtung, der in diesem Exkurs-Kapitel vertiefend betrachtet werden wird. Hier sind wir wieder mit der Welt und die Welt mit uns, hier bin weder ich, noch ist die Welt isoliert, noch sind wir voneinander getrennt. Was sich angesichts der sinnlichen Beobachtung in meinem Inneren abspielt, ist – so wird sich noch zeigen – Objekt der Beobachtung und ist zugleich das Objektive der Welt, die Natur, das Wesen der ‹Dinge›.

Das folgende Kapitel schafft für einen solchen subjektbezogenen Ansatz, den wir benötigen, um uns sachgemäß dem Wesen des Lichtes nähern zu können, die notwendige Erkenntnis- und Erfahrungsbasis. Es ermöglicht, das Vertrauen in die von uns selbst beobachteten Phänomene wieder zu gewinnen. In dem objektbezogenen Forschungsansatz (im Denken des ‹Ding an sich›) sind die Welt und ich getrennt. Ich gerate sogar im Extrem in die Einsamkeit des von der Welt isolierten Subjektes, des externalisierten Zuschauers. Im subjektbezogenen Ansatz aber bin ich nicht mehr allein: Ich bin mit der Welt und die Welt ist mit mir. Es wird sich zeigen, dass damit gleichzeitig entscheidende Fundamente für das Verständnis von dem, was wir Licht nennen, freigelegt werden.

Albrecht Dürer (1471–1528): Der heilige Hieronymus im Studierzimmer (links, 1521), Der heilige Hieronymus in seinem Gehäus (rechts, 1514)

Die beiden Hieronymus-Bilder des Albrecht Dürer sprechen eine deutliche Sprache. Links: Das Denken des Menschen ist in eine Schädelstätte geraten, es ist erstorben. Über die Schulter des grübelnden Gelehrten blickt der Gekreuzigte. Rechts: Hängt der Gelehrte seinen Hut an den Nagel, gelingt es ihm die Schädelstätte wieder ans Licht zu stellen und zugleich seine inneren Tiere zu beruhigen, dann vermag auch sein Denken wieder zu leuchten.

Rudolf Steiner bemühte sich sein Leben lang darum, das Denken der Neuzeit aus der Gruft des Todes wieder zu befreien und in eine Verlebendigung zu heben:

«Ich weiß nicht, ob Sie sich erinnern, dass in meinen allerersten Schriften immer ein Gedanke wiederkehrt, durch den ich die Erkenntnis auf eine andere Basis stellen wollte, als sie heute steht. In der äußeren Philosophie [...] ist der Mensch eigentlich ein bloßer Zuschauer der Welt [...]. Wenn der Mensch nicht da wäre, so meint man, wenn er nicht in der Seele wieder erlebte, was in der Welt draußen vor sich geht, so wäre doch alles so, wie es ist. Das gilt für die Naturwissenschaft [...], es gilt aber auch für die Philosophie. *Der heutige Philosoph fühlt sich sehr wohl als Zuschauer der Welt, das heißt, in dem bloß ertötenden Element des Erkennens. Aus diesem ertötenden Element wollte ich die Erkenntnis herausführen.*» [Kursivsetzung: HCZ][9]

Es sei hier festgehalten: Das Erkennen ist in einen Tod geraten; soll es aus diesem Tode auferstehen können, so muss es das Zuschauerbewusstsein überwinden.

Dieses Zuschauerbewusstsein generiert sich primär aus zwei verschiedenen Todesrichtungen: Aus der Weltanschauung des Materialismus und aus der Meinung, das menschliche Innere sei subjektiver Natur. Der Materialismus generiert eine ‹Welt an sich›, die der Welt der Gegenstände zugrunde liegt, die auch ohne den Menschen existiere. – Hier wird der Mensch ein erstes Mal in die Zuschauerrolle gezwungen. Und wenn das, was der Mensch in seinem Innern erlebt, nichts mit der wahren Wirklichkeit ‹da draußen› zu tun haben soll, sondern nur subjektiven Charakter tragen soll, so wird der Mensch ein zweites Mal auf die Zuschauertribüne verwiesen. Beide ‹Verweise› sind zugleich auch Tode: Wie armselig wird die Welt, wenn die Frühlingsfrische, die ich erlebe, nichts mit der wahren

Wirklichkeit des Frühlings zu tun haben soll! Wie abtötend doch, das Rot der Rose mit einer Wellenlänge zu erklären, die in meinem Auge spezifische chemische und physiologische Prozesse auslöse. Oder in Anlehnung an Eduard Kaeser[10] dürfen wir auch sagen: Wer am Gebirgsbach von Wasser als H_2O redet oder wer angesichts eines faustgroßen, bläulich-durchsichtigen Fluorit-Kristalls behauptet, dieser bestehe aus CaF_2, der ist wortwörtlich nicht bei Sinnen.

Beiden Toden setzt Rudolf Steiner in paradigmatischer Weise entgegen: «Für den Menschen besteht nur so lange der Gegensatz von objektiver äußerer Wahrnehmung und subjektiver innerer Gedankenwelt, als er die Zusammengehörigkeit dieser Welten nicht erkennt. *Die menschliche Innenwelt ist das Innere der Natur.*» [Kursivsetzung: HCZ][11]

«Das sinnenfällige Weltbild ist die Summe sich metamorphosierender Wahrnehmungsinhalte *ohne eine zugrundeliegende Materie.*» [Kursivsetzung: HCZ][12]

Zum einen also: Was wir angesichts der Welt in unserem Inneren erleben, macht das Wesen der Natur aus. Zum anderen: Der Wahrnehmungsseite der Wirklichkeit liegt keine Materie zugrunde. Wir haben es vielmehr mit sich stets wandelnden Wahrnehmungsbildern zu tun.

Versuchen wir also, statt uns immer wieder aus der Wirklichkeit herausbefördern zu lassen, unter Einbezug unserer Sinne und unseres inneren Erlebens ein Bild von der Konstitution unserer Wirklichkeit zu gewinnen.

Das bekannte Intentionalitätsbeispiel des Sechseckes, das zum Kubus wird (‹Neckerscher Würfel›), ist hierfür ein grundlegendes Anschauungs- und Erfahrungsbeispiel.[13]

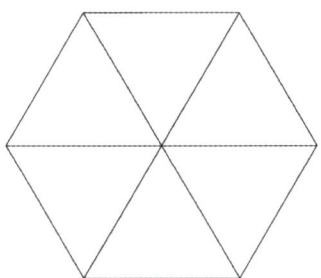

Die Wahrnehmungsseite bleibt – für sich genommen – dieselbe, je nachdem aber, welchen Begriff ich, der Realisierende, hinzutreten lasse, ereignet sich eine andere Wirklichkeit. Es kann schlicht bei dem mehrfach
geteilten Sechseck bleiben, es kann sich aber auch der Würfel zeigen.

Es ist lohnenswert, sich weiteren Anschauungsbeispielen auszusetzen,
um noch mehr Erfahrungen in der Selbstbeobachtung zum Thema
Konstitution der Wirklichkeit sammeln zu können:

Diese Vorgabe lässt zwei Sichtweisen zu, die sowohl das Gesehene als auch
das daran Erlebte vollkommen ändern. Entweder sehe ich eine alte Frau,
deren Gesichtszüge in Märchendarstellungen wohl eher einem dunklen
Charakter zugeordnet würden; oder ich sehe eine junge, adrette, durchaus attraktive Dame mit Halsband. Wieder also: Das Angebot für die
Sinne ist dasselbe; was sich ändert, ist das, was sich zum Sinnlichen als
ein ‹Nichtsinnliches› hinzugesellt, und die ganze Situation so erst zu dem
macht, was wir als gesehene Wirklichkeit erleben.

 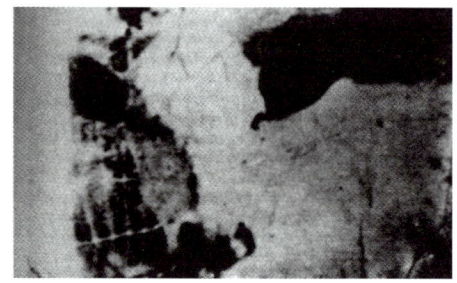

In Anbetracht dieser beiden Vorgaben wird oft eine Weile lang ein schwarz-weißes Fleckenmuster gesehen. Oft will sich lange Zeit kein formender Begriff einstellen. Irgendwann aber schlägt doch etwas ins Sehen ein, das allmählich ein überzeugendes Bild entstehen lässt. Dann allerdings ist es keine Frage mehr, was man sieht, man ist absolut überzeugt davon. Macht man solche ‹Übungen› mit mehreren Menschen zusammen, dann lohnt es sich, beim Anderen auf den Moment zu achten, in dem sich das Sehen einstellt: Es ist immer ein von einem erhellten Lächeln begleitetes Heureka-Erlebnis.

Ein weiteres Phänomen lässt sich gerade in Gruppen beobachten: Kaum ruft jemand den Begriff in den Raum, so sehen mit einem Mal deutlich mehr Teilnehmende! Der eine Mensch macht mit dem Aufruf eines Begriffes die anderen Menschen sehen! In diesem Falle wären es Giraffe(nkopf) und Kälbchen(kopf).[14]

«Heureka-Erlebnis» und «Den-anderen-sehen-machen» bedeutet letztlich nichts anderes, als dass Licht in unser Sehen einfährt. Es ist zwar schon hell, aber wir sehen doch nichts, es fehlt noch das einleuchtende, formende Element des Lichtes, sodass wir etwas zu sehen bekommen. Ideen, Begriffe etc. sind also weit mehr als subjektive Abstraktheiten. Sie greifen formend, wirklichkeits-generierend und einleuchtend in die Sinneswirklichkeit ein. Sie werfen Licht auf das Sinnesangebot, sie verleihen dem Sinn einen Sinn.[15]

Nehmen wir noch ein weiteres lehrreiches Beispiel hinzu:

Lese ich das mittlere Element als die Zahl ‹Dreizehn›, so sehe ich den vertikalen Strich als die Ziffer ‹Eins› und die doppelt gebogene Linie als die Ziffer ‹Drei›. Lese ich das mittlere Element aber als den Buchstaben ‹B›, so sehe ich dort weder eine ‹Eins› noch eine ‹Drei›, sondern eben eine vertikale und eine doppeltgebogene Linie. – Was sich also als Übersinnliches zum Sinnlichen hinzugesellt, verleiht seinen eigenen Erscheinungsbedingungen Bedeutung. Nicht das Sinnliche bestimmt, für welchen übersinnlichen Inhalt es Träger werden soll, sondern umgekehrt: Das Übersinnliche bestimmt den Inhalt seiner Erscheinungsbedingungen; es selbst bestimmt, wem es sich wie und wann geneigt zeigt.

Das folgende Bild bringt die in diesem Beispiel von Zahlen und Buchstaben noch recht abstrakt anmutende Einsicht noch einmal existenzieller zur Erfahrung. In den Fugen der Mauer befindet sich im mittleren Bereich des Bildes so etwas wie ein grau melierter, eiförmiger Kieselstein. Die Fuge, in der sich dieser Kieselstein befindet, ist gut als mörtelfreie Lücke zu erkennen. Sie ist gerade groß genug, um den Kieselstein dort hinein platzieren zu können.

In dem Moment aber, in dem man den Kieselstein als Aschenspitze einer in der Mauer steckenden Zigarre erkennt, die horizontal nach links von der Mauer absteht, so verwandelt (!) sich die hohle Lücke zu der äußersten Lage von zu einer Zigarre aufgerollten Tabakblättern. Nun ist auch eindeutig die Textur dieses Tabakblattes wahrzunehmen. Was im ersten Fall dem Kieselstein einen luftgefüllten Hohlraum bietet, wird im zweiten Fall zum Hüllblatt einer Zigarre – jeweils sogar bis in die ‹Haptik› oder Textur hinein. Um es noch mehr im Sinne der Einsichten des vorhergehenden Bildes zu formulieren: Kieselstein und Zigarre bestimmen den Inhalt ihrer Erscheinungsbedingungen – bis in die Art der sinnlichen Erscheinung hinein. Die Zigarre bestimmt ihr Hüllblatt, der Kieselstein seine Mauerlücke.

Fassen wir zusammen:
- Wirklichkeit ist das Zusammenkommen von einer sinnlichen und einer übersinnlichen Seite, oder sagen wir: von Wahrnehmen und Denken.
- Wirklichkeit ist individuell: Denn tatsächlich lernt man an den gezeigten Beispielen gerade auch mit einer Gruppe von Teilnehmenden immer wieder, dass der eine schon sieht und der andere noch nicht, oder der eine etwas anderes als der andere sieht (Bsp. alte und junge Frau).

- Wirklichkeit ist aktuell, denn sie vollzieht sich ‹jetzt›, im Moment. Immer, wenn ich etwas sehe, dann trifft ein übersinnliches Licht auf ein sinnliches Angebot.
- Unsere gemeinsame Wirklichkeit beruht auf unserer (magischen) Fähigkeit, das Licht, mit dem wir die Welt beleuchten, auch in anderen Menschen aufleuchten zu lassen. Es ist die Fähigkeit, einander sehen zu machen – und zwar für etwas, wofür man zuvor nicht sehend war.
- Unser Sehen ist nicht ein passives Entgegennehmen einer bereits gegebenen, gegenständlichen Welt, unser Auge ist auch nicht ein Rezeptionsapparat, das auf jenseits der Gegenstandswirklichkeit gedachte Wellen oder Teilchen reagiert. Unser Sehen ist ein schöpferischer Akt, wir realisieren – im doppelten Sinne des Wortes. Wir verwirklichen und nehmen das Verwirklichte (für) wahr.
- Wirklichkeit realisiert sich durch den Menschen. Sie ist ein erkenntnisgleiches Zusammenkommen von (geistiger) Idee und (sinnlicher) Wahrnehmung: «Die Wahrnehmung ist [...] nichts Fertiges, Abgeschlossenes, sondern die eine Seite der totalen Wirklichkeit. Die andere Seite ist der Begriff. Der Erkenntnisakt ist die Synthese von Wahrnehmung und Begriff. Wahrnehmung und Begriff eines Dinges machen aber erst das ganze Ding aus.», so Rudolf Steiner.[16]
- Wirklichkeit wird durch uns hindurch hervorgebracht, realisiert, sie ereignet sich durch uns: Durch die Sinne ereignet sich die Wahrnehmungsseite (Stoff, Materie, Sinnliches); durch unser Intuitionsvermögen die Ideenseite (Begriff, Geistiges, Übersinnliches). In diesem Sinne existiert die (realisierte) Welt nicht ohne den (realisierenden) Menschen.
- Das Übersinnliche – das, was zur Erscheinung kommt – ist die Natur der Sache, ihr Wesen. Erst dieses Übersinnliche macht die Sache zu dem, womit ich es zu tun habe.
- Dieses Übersinnliche verleiht seinen Erscheinungsbedingungen ihre Bedeutung.
- Damit wird die sinnliche Wirklichkeit grundsätzlich zu einer Bildwirklichkeit. Sie beschreibt in ihrer Erscheinungsweise dasjenige, was als Übersinnliches, Unvorstellbares, als Idee in ihr anwesend ist.

Das hat methodische Konsequenzen: Will ich das Wesen einer Sache erfassen,
so gilt es, sich der sinnlichen Erscheinung so zuzuwenden, dass sie als Hinweis
auf das in ihr anwesende Übersinnliche entgegengenommen werden kann.

Rudolf Steiner brachte diese Grunderkenntnis über die Konstitution der
Wirklichkeit in ein sehr prägnantes Wahrspruchwort:

Es drängt sich an den Menschensinn
Aus Weltentiefen rätselvoll
Des Stoffes reiche Fülle.

Es strömt in Seelengründe
Aus Weltenhöhen inhaltvoll
Des Geistes klärend Wort.

Sie treffen sich im Mescheninnern
Zu weisheitvoller Wirklichkeit.[17]

Man beachte: Die «weisheitvolle Wirklichkeit» spielt sich im «Menschen-
innern» – und eben nicht in einer ‹Gegenstandswelt da draußen› – ab,
als ein Zusammenkommen eines übersinnlichen Ideenlichtes und eines
sinnlichen Angebotes.

In Bezug auf das Thema Licht können wir hier zwei Aspekte unterscheiden:
a) die Helligkeit, die notwendig ist, damit überhaupt gesehen wird, b) das ein-
leuchtende und formende Ideenlicht, das erst die Wahrnehmung zu einer wesent-
lichen Begegnung macht. Dieses Ideenlicht macht die Natur der Sache aus,
mit der wir es zu tun haben. Die Wesensseite der Welt findet sich in unserem
Inneren. Somit bewahrheitet sich also Steiners Aussage, dass das Innere des
Menschen das Innere der Natur sei. Genauso bewahrheitet sich die eingangs
zitierte Aussage, dass unserer Wirklichkeit keine Materie zugrunde läge. Alles,
was wir brauchen, sind sinnliche und übersinnliche Erfahrungen. Wir brauchen
den Sinnen nicht noch etwas wie eine ‹Stofflichkeit an sich› zu unterlegen. Sie
selbst sind der Stoff der Wirklichkeit.

Wir sind auf diese Weise der selbstvertrauenden Selbstbeobachtung zu einer Konstitution der Wirklichkeit gekommen, in der wir mittendrin stehen, wir können uns ihrer nicht mehr als externer Zuschauer entziehen.

Das wirft weitere Fragen auf: Wie können wir diese mit uns und durch uns sich ereignende Wirklichkeit orten? Hat sie überhaupt noch einen Ort in der herkömmlichen dreidimensional vorgestellten Raumauffassung? Und wo bin ich in dem Ganzen bzw. wo ist der gesehene, realisierte ‹Gegenstand›?

Greifen wir dafür auf das Beispiel des Kubus zurück. Würde ich als Antwort auf diese Frage z.B. auf eine Tafel zeigen, auf der sich die Striche befinden, und behaupten, der Würfel sei dort auf der Tafel, so würde ich nicht beachten, dass dieser ja gerade nichtsinnlichen Ursprungs ist. Das, was als Übersinnliches zum Sinnlichen hinzukommt, sodass sich unserem Sehen aus den Strichen heraus ein Kubus ergibt, das kommt nicht aus dem Sinnlichen. Würde ich behaupten, der Würfel fände sich in meinem Kopfe, so müsste ich zugeben, dass dem nicht so ist, denn wenn ich meinen Kopf sezieren würde, würde ich nichts anderes als weitere Sinneserfahrungen finden und gerade eben nicht die Idee des Würfels. *Das Ideenlicht des Würfels ist ein rein übersinnliches Element, das unserer Denkintuition zugänglich ist. Im Verbund mit dem sinnlichen Wahrnehmen drängt sich dieses Ideenlicht ins Sehen ein. Was sich daraus ergibt, ist ein sinnlich-übersinnliches Ereignis. Was sich so als Wirklichkeit gebiert, hat keinen Orts-, sondern einen (zeitlichen) Ereignischarakter. Der Kubus west im Sehen als übersinnliche Wirksamkeit an und zaubert ein sinnliches Bild hervor, das über ihn berichtet.*

Und wo bin ich in alledem? Auch ich, mein Wesen, mein Ideenlicht befindet sich auf der übersinnlichen Seite – genau dort, wo der Kubus ist, der sich zum Sehen bringt. Auch ich wese zusammen mit dem Kubus im Sehen an. – *Zur Helligkeit des Sehens, zum einleuchtenden Ideenlicht gesellt sich damit als Drittes unsere eigene Anwesenheit, unser eigenes, zeugendes Bewusstseins-Licht hinzu.* Durch uns hindurch wird Wirklichkeit hervorgebracht, gezeugt, und zugleich zeugen wir vom Hervorgebrachten und erweisen uns gerade in dieser doppelten Aktivität als anwesend.

Was wir auf diesem Wege bereits für unsere eigentliche Frage, was Licht sei, gewonnen haben, ist Gold wert. Licht besteht aus dem Zusammentreffen

dreier Elemente: Aus der Helligkeit in den Sinnen, aus einem in die Sinne ein-
leuchtenden, formenden und hervorbringenden Ideenlicht und aus der Zeugen-
schaft des Sehenden. So ergibt sich Wirklichkeit. Wirklichkeit und Licht er-
weisen sich damit auf das Innigste verwandt.

Wir werden auf diese basalen Aussagen zum Licht im Laufe eines nun
noch vor uns liegenden phänomenologischen und philosophischen
(anthroposophischen) Weges zum Licht zurückkehren. Es wird sich
zeigen, dass das Licht in das einmündet, was wir als Wirklichkeit erleben.
Die Frage nach dem Licht und die Frage nach der Wirklichkeit laufen in
eins zusammen. – *Um diese fundamentale Erkenntnis noch einmal anders
zu formulieren: Wirklichkeit ist unser Leben in den Sinnen. Die Sinne sind das
Licht.*

Wir werden sehen, dass sich Wirklichkeit, das Leben in den Sinnen und
Licht auf diesem Wege zu einer tiefen spirituellen Daseinserfahrung und
Daseinserkenntnis vertiefen werden.

Wir haben aber noch mehr gewonnen, nämlich eine Untermauerung für
unser methodisches Vorgehen zur Untersuchung des Lichtes. *Wir dürfen
das Licht nicht externalisiert von uns untersuchen wollen, wir selbst dürfen uns
nicht als Zuschauer aus dem Licht herausziehen. Vielmehr müssen wir gerade
durch, mit und in unserem Sehen das Licht erkunden.*

Stabübergabe

Vor diesem und dem nächsten Abschnitt (Trennung der Sinne) sei der
Leser ein wenig gewarnt. Aufgrund ihres sehr knappen und philosophisch-
anthroposophischen Charakters sind diese beiden Abschnitte nicht ganz
leicht verdaulich. Daher möchte ich folgende Leseempfehlung geben:
Wer ohne Umschweife die Licht-Thematik verfolgen will, der überspringe
diese beiden Abschnitte einfach und setze die Lektüre mit dem Kapitel
«Gesehenes Licht» fort.

Dennoch erscheinen mir die nun folgenden Auseinandersetzungen von
grundlegender Bedeutung, sodass ich die Beschäftigung damit auf jeden
Fall empfehlen möchte – sei es für die unmittelbare Fortsetzung der
Lektüre an dieser Stelle oder sei es für die Rückkehr zu diesen beiden Ab-
schnitten zu einem gegebenen, späteren Zeitpunkt.

Es werden im Folgenden zwei weitere Felder bzw. Konsequenzen erörtert werden, die eng mit der Frage nach der Konstitution der Wirklichkeit verbunden sind. Dadurch werden gleichzeitig auch Antwortrichtungen für zwei Einwände gegeben, die oft der obigen Darstellung zur Konstitution der Wirklichkeit entgegen gehalten werden.

Oft wird nämlich gesagt, dass durch die obige Analyse zwar eine solche Wirklichkeit erfasst würde, wie sie sich dem menschlichen *Bewusstsein* darbiete (sie habe daher epistemologischen Wert), sie habe aber nicht den *Daseinswert* der (an sich) gegebenen, ‹natürlichen› Wirklichkeit. Einzig dieser käme eine seinsmäßige Qualität (mit einem sogenannten ontologischen Wert) zu.

Ein weiterer Einwand speist sich aus der – scheinbar – unmittelbaren sinnlichen Erfahrung der Wirklichkeit. Sie zeuge doch für die Existenz einer in sich geschlossenen Gegenstandswelt da draußen vor unseren Augen. Ich sehe doch den Tisch da draußen, ich kann ihn doch anfassen. – Doch ist dem wirklich so? Warum fragen wir uns eigentlich nicht, warum wir die Dinge primär nach der Maßgabe der Seherfahrungen vorstellen bzw. für ihr scheinbares ‹So-Sein› als Gegenstand den Sehsinn bevorzugen?

Und um auch den ersten Einwand gleich zu hinterfragen: Hat unsere Wirklichkeit tatsächlich nur ‹epistemologischen› Wert? Ich erfahre mich doch mit der Welt zusammen ins Bewusstseinslicht erhoben? Wieso soll das nur Wert für mich haben?

Diesen beiden Fragen möchte ich versuchen, mit den folgenden Ausführungen auf den Grund zu gehen.

Machen wir uns die Konstitution unserer Wirklichkeit noch einmal deutlich: Sie ereignet sich durch das Zusammenhalten unserer sinnlichen und geistigen Wahrnehmungsfähigkeit in unserem eigenen Seelengrunde. Das gilt für jede ganz alltägliche Wirklichkeit um uns herum. Dieses Sich-Ereignen von Wirklichkeit tritt im Alltag nicht in unser Bewusstsein, es *widerfährt uns* gleichsam, wir sind gegenüber diesem Ereignis *bewusstseinsmäßig wie Träumer*. Die so erscheinende Welt tritt wie *gegeben* an uns heran.

Das Zusammenkommen von sinnlicher und übersinnlicher Seite durch uns hindurch zur Wirklichkeit geschieht mit unserer Organisation. Mit uns und durch uns hindurch spielt sich Wirklichkeit ab, ereignet sie sich, realisiert sie sich. Ich kann gar nicht umhin, dass mir so geschieht. Auch die so ‹gegebene› Wirklichkeit ist also durchaus ein aktuelles Ereignis, ein aktuelles Zusammentreten von Sinnlichem und Übersinnlichem.

Mit dieser Einsicht nehmen wir in einem Atemzuge auch Abschied von einer sogenannten ‹Gegenstandswelt an sich›. Die sich für unser heutiges Denken und Vorstellen als gegebener Gegenstand darstellende Wirklichkeit stellt sich eben als mit und durch unsere Konstitution sich ereignende, uns widerfahrende Wirklichkeit heraus. – Das ist unsere tagtägliche Ausgangslage.

Haben wir aber einmal diese Konstitution der Wirklichkeit verstanden und im aktuellen Erleben vergegenwärtigt, so ‹erleiden› wir diese Wirklichkeit nicht mehr bloß passiv, als ‹bloß› gegeben, sondern wir erleben uns als Zeuge. Wir erwachen aus dem träumenden Entgegennehmen und sind nun mit dabei, wie sich Wirklichkeit mit und durch uns ereignet.

Wir sind damit zeugend und bezeugend zugleich. Wir erleben uns als zweifache ‹Realisatoren›: Wir nehmen – in einem ersten Schritt – die sich durch unsere Organisation aktuell ereignende Wirklichkeit als gegeben entgegen und bezeugen diese – in einem zweiten Schritt. Das, was zuvor als ‹gegeben› an uns heranbrandete, wird nun von meinem Bewusstsein übernommen bzw. an mein Bewusstsein übergeben. Wir haben zuerst eine uns widerfahrende Wirklichkeit und als Zweites eine von uns mitgezeugte Wirklichkeit. Im ersten Falle realisiert sich Welt durch uns hindurch, im zweiten Falle sind wir zu Mitschaffenden geworden, wir realisieren die Welt mit.

Hierbei handelt es sich nicht um eine ‹Wirklichkeitsvermehrung›, in dem Sinne, dass zur ‹gegebenen Wirklichkeit› eine zweite, eben Zeugen-/Bewusstseinswirklichkeit hinzuträte. Es handelt sich vielmehr um eine echte Wirklichkeitsverwandlung, um eine echte Tradierung – im ursprünglichen Wortsinn (‹Über-Sprechung›) – vom Gegebenen zum Bezeugten; es handelt sich um eine Art ‹Stabübergabe›. Die vorgegebene Welt wird dem Menschen im Moment seiner bewussten Zuwendung überantwortet.

Genauso wenig, wie es sich um eine Vermehrung der Wirklichkeit handelt, genauso wenig kann davon die Rede sein, dass allein der ‹gegebenen Wirklichkeit› ein ontologischer Charakter (ein Seins-Wert) zukäme, während die bezeugte Wirklichkeit bloß eine epistemologische (nur für das Bewusstsein gültige) sei. Beide Wirklichkeiten tragen vollen Seins-Charakter. Sie lösen sich ‹nur› gegenseitig ab. Es handelt sich um eine echte Verwandlung.

Hiermit aber ist der Prozess der Stabübergabe noch nicht beendet. Es findet sich noch eine weitere Stabübergabe, der ein gewisser Zukunfts-Charakter eignet. *Diese weitere Stabübergabe findet in dem Moment statt, in dem wir die von uns bezeugte Wirklichkeit als Bildwirklichkeit begreifen, als sinnliche Beschreibung eines in ihr anwesenden Ideenlichtes.*

Raffael, der große Maler der italienischen Renaissance, gestaltete dieses Geschehen der Stabübergaben in und mit uns vielfach in der Bildsprache der ‹Madonna mit Kind›. Rudolf Steiner liefert mit seinem Wochenspruch zur Weihnachtszeit einen Schlüssel zum Verständnis dieser Bildsprache. Dort heißt es in einer Zeile: «das Geisteskind im Seelenschoß».[18] Das Geschehen, das die Weltgeschichte als die Geburt des Christuskindes auf Erden durch die Gottesmutter Maria beschreibt, dieses Geschehen findet sich in verwand(el)ter Weise auf dem eigenen Seelengrunde wieder: die Geburt des Geisteskindes im Seelenschoß. So kann die in Raffaels Bildern im Zentrum stehende Maria als Seele verstanden werden, und das Kind in ihrem Schoße als das Geisteskind in uns, als unser Ich. Interessanter Weise findet sich bei Raffael oft ein weiteres und seltener noch ein drittes Kind im Seelenschoße wieder.

Blicken wir zunächst beispielsweise auf die drei Gemälde «Madonna im Grünen», «Madonna Aldobrandini» und «Madonna mit Stieglitz». Im erstgenannten Bild findet eine *Stabübergabe* vom Johannes-dem-Täufer-Kind zum Christus-Kind statt. Im zweiten wird eine *Pflanze* übergeben und im dritten ein *Tier* (ein Stieglitz).

In allen drei Bildern ist das Kleid der Maria, mithin also die Gestimmtheit der Seele, nach außen hin blau (seelisch bedächtig, geistig vertiefend, äußerlich ruhig), doch innerlich willensaktiv rege (rotes Kleid). Zugleich findet sich diese Seele mitten im Zentrum einer weiten Landschaft, über deren Horizont ihr Oberkörper und der Kopf (sonnengleich) weit hinausragen. Sie befindet sich gleichsam in einer meditativen Stimmung, in die

Imaginationen der Stabübergabe von einer gegebenen in eine bezeugte Wirklichkeit.
Raffael (1483–1520): Madonna im Grünen (links; 1505/06),
Madonna Aldobrandini (Mitte, 1511), Madonna mit Stieglitz (rechts, 1507)

sie sich mithilfe eines gedruckten Buches (rechts) oder durch eine liebe-volle Zuwendung zur tradierten Welt des Buches der Natur (links und Mitte, vertreten durch den Täufer-Johannes-Knaben) begibt. In dieser meditativen Gestimmtheit kann die Seele auf die stete Verwandlung der Wirklichkeit durch sie hindurch aufmerksam werden, auf eine Stabüber-gabe vom Täufer-Johannes-Knaben zu dem Jesus-Christus-Knaben, also zum Sohnes-Knaben.

Raffaels Bilder sind Imaginationen von der Verfasstheit der Seele, wenn sie sich in Selbsterkenntnis der Welt zuwendet. Meine die Welt realisierende Verfasstheit – im Prozess des Übergebens und Übernehmens – stellen sie im Bilde vor mich hin. Was als Wirklichkeit wie gegeben zu mir herüber-kommt, wird mir im Moment der bewussten Zuwendung überantwortet: Ich kann mich aus dieser Wirklichkeit nicht herausdenken, nicht heraus-schleichen. Es gibt keine Wirklichkeit, der nicht diese Mischkonstitution, diese Übergabe eignet: Ein Gegebenes schlägt an mich heran – und um-gehend, ohne dass ich mich versehe, verwandelt es sich in (m)eine neue Bewusstseinswirklichkeit. Der Stab und mit ihm die Wesen der Schöpfung (z.B. eine Blume oder ein Stieglitz) werden mir, werden meinem Wirklich-keitsvermögen überantwortet.

Die gnostische und esoterisch-christliche Tradition bezeichnet diese gegebene Wirklichkeit als die Wirklichkeit des Vaters, die des Bewusst-seins als die Wirklichkeit des Sohnes – das durchaus mit Bezug auf die Er-fahrungswelt des Menschen: Es ist wie eine Übergabe des Erbes vom Vater zum Sohn. Die Vaterwelt wird in Raffaels Bildern durch den Johannes-Knaben vertreten, die Welt des Sohnes durch den Christus-Knaben. Johannes der Täufer äußert sich in diesem Sinne im Evangelium sehr ein-deutig: «Er muss wachsen, ich aber muss abnehmen.» (Joh 3,30)

Raffael (1483–1520): Madonna Terranuova
(Madonna der neuen Erde) (1504–1505)

Blicken wir nun noch auf ein weiteres Madonnen-Gemälde von Raffael. Der Titel «Madonna der neuen Erde» spricht in diesem Zusammenhang Bände. Durch uns hindurch verwandelt sich die Erde, wird die Erde neu. Dieses Gemälde beinhaltet zusätzlich die zweite Stabübergabe mitsamt ihrem Zukunfts-Charakter. Zu Johannes und Christus gesellt sich ein weiteres Kind in unserem Seelenschoß, das im Richtungsverlauf der Stabübergabe von Johannes zu Christus durch eine sanfte, ja scheue hin- und abweisende Geste von Maria noch etwas im Abseits gehalten wird.

Sachgemäß darf die zweite Stabübergabe als die vom Sohn zum heiligen Geiste aufgefasst werden – dann, wenn wir den «Geist der Wahrheit und Erkenntnis» (Joh 16,12–15) an die Sinneswirklichkeit so herantragen, dass wir sie als Bildwirklichkeit auffassen und uns darum bemühen, ihren Wesensgehalt zu begreifen.

So haben wir es mit drei verschiedenen Wirklichkeiten zu tun: Mit der (vergangenheitlichen) Vaterwelt, der (gegenwärtigen) Sohneswelt und der (zukünftigen) Welt des heiligen Geistes.[19] Diese stehen in einem metamorphotischen Verhältnis zueinander: Die eine verwandelt sich in die nächste.

Wir steigen durch die Sohneswesenheit in uns in eine vom Bewusstseinslicht durchdrungene Wirklichkeit ein, die auf den Vorgaben des Vaters beruht, sich diesen zuwendet – und sie komplett neu macht: Das Menschen-Ich ist nun der tragende Gehalt, die Neusubstanz der Welt. In der Bildsprache Raffaels übernimmt Christus (Sohneswelt) die Fortführung der Schöpfung aus den Händen von Johannes (Vaterwelt) und übergibt sie dem Erkenntnisgeist der Zukunft (Heiliger Geist).[20]*

Rudolf Steiner formulierte einmal diesbezüglich:

«Ich blicke hin auf die Natur,
der Strom des Sterbens ist in mir
und auch der Strom des Neuwerdens:
sterben – wiederum geboren werden.»[21]

Lesen wir vor diesem Hintergrund einen Auszug aus Rudolf Steiner «Das Christentum als mystische Tatsache»:[22]
«Das Drama des Weltwerdens wird im Timäos vorgeführt. Wer den Spuren nachgehen will, die zu diesem Weltwerden führen, der kommt zu der Ahnung der Urkraft, aus der alles geworden ist. ‹Den Schöpfer und Vater dieses Alls nun ist es schwierig zu finden; und wenn man ihn gefunden hat, unmöglich, sich für alle verständlich über ihn auszusprechen.› Der Myste wusste, was mit dieser ‹Unmöglichkeit› gemeint ist. Sie deutet auf das Drama des Gottes. Dieser ist ja für ihn nicht im Sinnlich-Verständigen vorhanden. Da ist er nur als Natur vorhanden. Er ist in der Natur verzaubert. Nur der kann sich ihm, nach der alten Mysten-Meinung, nähern, der das Göttliche in sich selbst erweckt. Also kann er nicht, ohne weiteres, für alle verständlich gemacht werden. [...] Aus Weltleib und Weltseele hat der Vater die Welt gemacht. Harmonisch, in vollkommenen Proportionen hat er die Elemente gemischt, die entstanden, als er sich selbst vergießend ein eigenes besonderes Sein hingab. Dadurch wurde der Weltleib. Und gespannt auf diesen Weltleib ist in Kreuzesform die Weltseele. Sie ist das Göttliche in der Welt. Sie hat den Kreuzestod gefunden, auf dass die Welt sein könne. Das Grab des Göttlichen darf also Plato die

Natur nennen. Doch nicht ein Grab, in dem ein Totes liegt, sondern ein Ewiges, für das der Tod nur die Gelegenheit gibt, die Allmacht des Lebens zum Ausdruck zu bringen. Und derjenige Mensch erblickt diese Natur in dem rechten Lichte, der vor sie hintritt, die gekreuzigte Weltseele zu erlösen. Auferstehen soll sie von ihrem Tode, aus ihrer Verzauberung. Wo kann sie wieder aufleben? Allein in der Seele des eingeweihten Menschen. Die Weisheit findet ihr rechtes Verhältnis damit zum Kosmos. Die Auferstehung, die Erlösung Gottes: das ist die Erkenntnis. Von dem Unvollkommenen zum Vollkommenen wird im Timäos die Weltentwicklung verfolgt. Ein aufsteigender Prozess stellt sich in der Vorstellung dar. Die Wesen entwickeln sich. Gott enthüllt sich in dieser Entwicklung. Das Werden ist eine Auferstehung Gottes aus dem Grabe. Innerhalb der Entwicklung tritt der Mensch auf. Plato zeigt, dass mit dem Menschen etwas Besonderes da ist. Zwar ist die ganze Welt ein Göttliches. Und der Mensch ist nicht göttlicher als die anderen Wesen. Aber in den anderen Wesen ist Gott auf verborgene Art, in dem Menschen auf offenbare Art gegenwärtig. Am Ende des Timäos steht: ‹Und nunmehr möchten wir denn auch behaupten, dass unsere Erörterungen über das All ihr Ziel erreicht haben, denn nachdem diese Welt in der geschilderten Weise mit sterblichen und unsterblichen lebenden Wesen ausgerüstet und erfüllt worden, ist sie (so selbst) zu einem sichtbaren Wesen dieser Art geworden, welches alles Sichtbare umfasst, zu einem Abbilde des Schöpfers und sinnlich wahrnehmbaren Gott und zur größten und besten, zur schönsten und vollendetsten (die es geben konnte) geworden, diese eine und Eingeborene Welt.›

Aber diese eine und Eingeborene Welt wäre nicht vollkommen, wenn sie nicht unter ihren Abbildern auch das Abbild des Schöpfers selbst hätte. Nur aus der Menschenseele heraus kann dieses Abbild geboren werden. Nicht den Vater selbst, aber den Sohn, den in der Seele lebenden Sprossen Gottes, der gleich ist dem Vater: ihn kann der Mensch gebären.

Als den ‹Sohn Gottes› bezeichnete Philo, von dem man sagte, dass er der wiedererstandene Plato sei, die aus dem Menschen geborene Weisheit, welche in der Seele lebt und die in der Welt vorhandene Vernunft zum Inhalte hat. Diese Weltvernunft, der Logos, erscheint als das Buch, in dem ‹aller Weltbestand eingetragen und gezeichnet ist›. Sie erscheint weiter als der Sohn Gottes: ‹die Wege des Vaters nachahmend formt er, auf die Urbilder schauend, die Gestalten›. Diesen Logos spricht der platonisierende Philo wie den Christus an.»

Die Wirklichkeit des Sohnes in uns, die Zeugenwirklichkeit ist Basis für die Ergreifung des sogenannten ‹schauenden Bewusstseins›,[23] das die in der sinnlichen Wirklichkeit anwesende und wirkende Idee in den Blick zu nehmen mag. Es ist die Möglichkeit zur Blickwendung auf den übersinnlichen Wesensgehalt der Wirklichkeit in der Sinneserfahrung (in der Welt des heiligen Geistes).

Randbemerkung: Das Zeugende und das Gezeugte

«Man kann den Idealisten alter und neuer Zeit nicht verargen, wenn sie so lebhaft auf Beherzigung des Einen dringen, woher alles entspringt und worauf alles wieder zurückzuführen wäre. Denn freylich ist das belebende und ordnende Prinzip in der Erscheinung dergestalt bedrängt, daß es sich kaum zu retten weiß. Allein wir verkürzen uns an der anderen Seite wieder, wenn wir das Formende und die höhere Form selbst in eine vor unsern äußern und innern Sinn verschwindende Einheit zurückdrängen.

Wir Menschen sind auf Ausdehnung und Bewegung angewiesen; diese beyden allgemeinen Formen sind es, in welchen sich alle übrigen Formen, besonders die sinnlichen offenbaren. Eine geistige Form wird aber keineswegs verkürzt, wenn sie in der Erscheinung hervortritt, vorausgesetzt, daß ihr Hervortreten eine wahre Zeugung, eine wahre Fortpflanzung sey. Das Gezeugte ist nicht geringer als das Zeugende, ja es ist der Vorteil lebendiger Zeugung, daß das Gezeugte vortrefflicher seyn kann als das Zeugende.»

Johann Wolfgang von Goethe, Brief an Zelter vom 1. September 1805

Trennung der Sinne

Wenn Wirklichkeit das Zusammenkommen von Wahrnehmung und Begriff (von Ideenlicht sowie Bewusstseinslicht auf der einen Seite und Sinneslicht auf der anderen Seite) ist, dann sollten wir – wie vorhergehend ja auch bereits konstatiert – keine an sich gegebene Gegenstandswirklichkeit mehr annehmen bzw. voraussetzen. Noch weniger sollten wir dieser (ja eben nicht vorauszusetzenden) Gegenstandswirklichkeit eine atomistisch gedachte Welt unterlegen. – Wie aber ist dann Wirklichkeit vorzustellen? Gehen wir zur Beantwortung dieser Frage von den von Rudolf Steiner beschriebenen zwölf Sinnen aus.[24] Die Sinne sind – wie wir schon festgestellt haben – keine Organe, die durch äußere materielle oder energetische Einwirkungen gereizt werden, sondern sie sind Organe der Realisation, durch die und mit denen sich eine seelisch-geistige Situation versinnlicht, mithin verwirklicht, realisiert. Was sich in ihnen versinnlicht, ist seinem Wesen nach seelisch-geistiger Natur: «Der Leib hat die Aufgabe, so zu wirken, dass man ihn mit einem Spiegel vergleichen kann. Wenn ich mit einer Farbe im gewöhnlichen Bewusstsein nur seelisch verbunden bin, so kann ich wegen der Einrichtung dieses Bewusstseins nichts von der Farbe wahrnehmen. Wie ich auch mein Gesicht nicht sehen kann, wenn ich vor mich hinblicke. Steht aber ein Spiegel vor mir, so nehme ich dies Gesicht als Körper wahr. [...] So ist es [...] mit der Sinneswahrnehmung. Ich lebe mit der Farbe außer meinem Leibe; durch die Tätigkeit des Leibes [...] wird mir die Farbe zur bewussten Wahrnehmung gemacht. Nicht ein Hervorbringer der Wahrnehmungen, des Seelischen überhaupt, ist der Menschenleib, sondern ein Spiegelungsapparat dessen, was außerhalb des Leibes seelisch-geistig sich abspielt.»[25]

Das Seelisch-Geistige selbst ist aber nicht gegenständlicher Natur, sondern ein vorstellungsfreier Aufenthaltsraum der Seele, für den sie durch die Versinnlichung wach werden kann. Die Welt des Seelisch-Geistigen ist also primär, ihre sinnliche Darstellung ist eine sekundäre Folge davon. Das Seelisch-Geistige ist Ur-Sache, das Sinnliche Folge.

Durch die neuzeitliche Lebensauffassung geraten wir in den Irrtum, das sinnliche Bild mit dem Wesen zu verwechseln und gleichen damit demjenigen, der vor dem Spiegel stehend das Spiegelbild für die Realität nimmt und sich selbst dabei aus den Augen verliert.

Sachgemäßer ist es, sich vorzustellen, dass sich die seelisch-geistige Situation der verschiedenen Sinnesfelder bedient, um zur sinnlichen Erscheinung zu kommen, um so unserem Ich zu Bewusstsein zu kommen. «Indem unsere Sinne zwölf geworden sind, zwölf ruhige Bezirke, sind sie die Grundlage des Ich-Bewusstseins [des Menschen auf] der Erde»,[26] so Rudolf Steiner. Die verschiedenen Sinnesfelder sind hierbei als getrennt aufzufassen: «Zwölf gesonderte Gebiete des menschlichen Organismus haben wir in diesen Sinnesgebieten. Die Sonderung, dass jedes für sich ein Gebiet ist, das bitte ich Sie besonders festzuhalten.», so noch einmal Rudolf Steiner.[27]

Es ist doch zum Beispiel erstaunlich und bemerkenswert, wie selbstverständlich wir uns der ‹Unlogik› überlassen haben, zu vermeinen, im Sehen hören zu können. Nicht anders aber verhalten wir uns tagtäglich mit der Vorstellungsbildung, dass der andere Mensch nach der Maßgabe des Sehens als ‹Gegenstand an sich› vor uns stehe, und dass von diesem Gegenstand dann eine Stimme, Töne, Laute, Sprache durch den ‹Gegenstandsraum an sich› zu uns herübergelangen würden. Dies ist ja eine außerordentlich wirkkräftige Vorstellung, denn wir *erleben* es ja auch tagtäglich so in den Begegnungen mit anderen Menschen. Das Sehen aber kann nicht hören, im Sehen hören wir nichts. Ich spreche jetzt hier nicht von einem synästhetischen Aspekt, sondern ganz konkret von unserem Sinneserleben und der damit verbundenen Vorstellung. Augen sehen, Ohren hören; das Sehen hört nicht, das Hören sieht nicht. Genauso wenig, wie das Sehen ein Tasterlebnis realisieren kann (wie gesagt: nicht synästhetisch gelesen), genauso wenig kann das Sehen riechen. Genau mit diesen Irrtümern behaftet, stellen wir uns aber die Welt vor, wenn z.B. ein Stück Käse vor uns auf dem Tisch liegt, das wir betasten können und von dem ein mehr oder weniger rezenter Duft ausgeht.

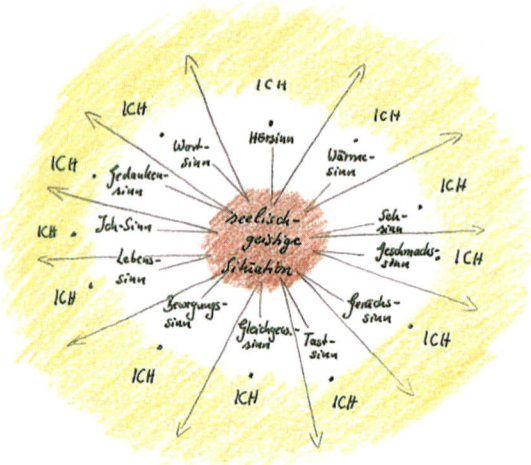

Eine mögliche Hilfsvorstellung zur Abbildung einer seelisch-geistigen
Situation durch die zwölf Sinne. Die vorstellungsfreie seelisch-geistige
Situation wird durch die Sinne dem Ich im Umkreis gespiegelt. (Skizze HCZ)

So ungewohnt uns die sachgemäßere Vorstellung auch sein mag, dass
auch das Stück Käse eine ‹seelisch-geistige› Situation ist, die sich verschiedener – und eben getrennter – Sinnesfelder bedient, um sich zu
Bewusstsein zu bringen, so viel näher führt sie uns indes aber an das
Wesen der jeweiligen Situation heran. Die verschiedenen sinnlichen
Qualitäten und Erscheinungen werden zu Beschreibungen desjenigen,
was in ihnen lebt, sich ihrer bedient, um uns zu erscheinen. *Die Einheit
des Erlebnisses gewährt das Wesen selbst und nicht dessen abstrakte Vorstellung
als gesehener Gegenstand an sich.*

Man mache sich, um dieses Kapitel abzuschließen, den Gewinn dieser
Einsicht in die Getrenntheit der zwölf Sinne klar. Dasjenige, was wir in der
vorhergehenden Analyse der Wirklichkeitskonstitution als das Ideenlicht
begriffen haben, das in das Sinneslicht gestaltend eingreift, ist nun von
dem Ballast einer Vorstellung einer ‹Gegenstandswelt an sich› befreit. Die
verschiedenen seelisch-geistigen Situationen, in denen wir uns befinden,

spielen auf einer ganz unterschiedlichen Anzahl und Art der Sinne. Ein Regenbogen erscheint allein für den Sehsinn, einen Eisvogel erleben wir in den seltensten Fällen auch durch das Tasten, und meinen Denk- und Ich-Sinn verwendet immer nur ein anderes menschliches Ich, ein Du, um sich sinnlich zu offenbaren. So sprechen die Wesen allein schon durch die von ihnen ausgewählten Sinne von der Art ihres Inkarniertseins und damit auch von ihrer Wesensart.

Randbemerkung: Sehen ist eine kreative Kooperation

«Das sind ja alles grobe Vorstellungen, als wenn die Außenwelt auf uns bloß wirkte und wir dann bloß reagierten darauf. All das Zeug, das da geredet wird, das sind ja bloß grobklotzige Vorstellungen. Die Wirklichkeit ist vielmehr diese, dass ein seelischer Prozess vor sich geht von außen nach innen, der erfasst wird durch den tief unterbewussten, inneren seelischen Prozess, sodass die Prozesse sich übergreifen. Von außen wirken die Weltgedanken in uns herein, von innen wirkt der Menschheitswille hinaus. [...] Wir müssen fühlen lernen, wie durch unsere Augen unser Wille wirkt, und wie in der Tat die Aktivität der Sinne leise sich hineinmischt in die Passivität [heißt Gegebenheit von außen, Anm. HCZ], wodurch sich Weltgedanken mit Menschheitswille kreuzen. [...]

Wir müssen gewissermaßen, wenn wir das Licht als den allgemeinen Repräsentanten der Sinneswahrnehmung hinstellen, uns dazu aufschwingen, das Licht beseelt zu denken [...].»

Rudolf Steiner: Die Sendung Michaels (GA 194), Vortrag vom 30. November 1919.

Gesehenes Licht

Die vorhergehende grundsätzliche Analyse der Wirklichkeitskonstitution begründet, dass wir für eine wesensgemäße Erforschung der uns umgebenden Wirklichkeit getrost einen subjektbezogenen Forschungsansatz wählen dürfen. Wir dürfen mit Vertrauen auf die sich uns sinnlich darbietenden Erscheinungen zugehen. Sie berichten uns in der Art ihres Erscheinens und auch in der Art des Zusammentretens ihres übersinnlichen Anteils mit ihrem sinnlichen Anteil von ihrem Wesen. Gerade Letzteres wird für das Verständnis von dem, was wir Licht nennen, eine wichtige Rolle spielen. Wollen wir den subjektbezogenen Ansatz beim Licht konsequent verfolgen, so gilt es also, uns als Sehenden mit in die Betrachtung einzubeziehen.

Vom Licht ohne das wahrnehmende Auge zu sprechen, macht – das gilt auch ohne die vorhergehenden Betrachtungen – keinen Sinn. Wollen wir das Licht untersuchen, so muss es ‹gesehenes› Licht sein. Licht ist damit unfraglich ein Phänomen des Sehens. Dies meint: Licht ist eine Sache des Auges. Wenn wir also Licht erfassen wollen, so können wir es nicht, ohne dabei das Sehen im Auge zu bewahren.

Licht ist eine Erfahrung im Sehen, ist eine Erfahrung des Sehens. Licht ist immer ‹gesehen›; und ‹sehen› heißt: Es ist Licht. So gesehen, sind Sehen und Licht eines.

Es ist aber nicht das Auge, das sieht, sondern eine Entität, ein Wesen, eine Seele, ein Ich. Was diesem im Sehen widerfährt, welche Erlebnisse es mit dem Sehen hat – all das sind Phänomene des Lichts. Unter Einbezug der das Sehen erlebenden Seele können wir das Wesen des Lichtes ausmachen – nicht unter Ausschluss derselben.

Dies ist in aller Konsequenz zu denken: Von ‹subjektiven› physiologischen und psychologischen Seheffekten in einem Gegensatz zu den ‹objektiven› Tatsachen des Lichtes, die sich der experimentellen Naturwissenschaft offenbaren sollen, zu sprechen, ist nach den vorausgehenden Überlegungen (im doppelten Sinne des Wortes) sinn-los.[28] Es ist sogar umgekehrt so, dass alle *erlebten* Phänomene viel näher an dem sind, was wir Licht nennen, als solche, die wir als scheinbar objektiv, ohne uns gegeben voraussetzen – denn diese sind ja per se bzw. per definitionem nicht gesehen und können damit keine Phänomene des Lichtes sein.

Aufgabe ist es also, das Erleben der sehenden Seele in eine Betrachtung des Lichtes mit einzubeziehen. Ja noch mehr: Es gilt, von diesem Erleben auszugehen, um überhaupt dem Wesen des Lichtes näherkommen zu wollen. Licht bedarf damit primär einer Verinnerlichung (und möglicherweise weniger einer experimentellen Veräußerlichung), um es seinem Wesen nach erfassen zu können.

Rudolf Steiner schrieb in seinem Lebensgang dazu: «Ich sagte mir, das Licht wird gar nicht sinnlich wahrgenommen; es werden ‹Farben› wahrgenommen durch Licht, das sich in der Farbenwahrnehmung überall offenbart, aber nicht selbst sinnlich wahrgenommen wird. ‹Weißes› Licht ist nicht Licht, sondern schon eine Farbe. So wurde mir das Licht eine wirkliche Wesenheit in der Sinneswelt, die aber selbst außersinnlich ist. […] Trotz aller Einwände, die von Seiten der Physiker gegen die Goethe'sche Farbenlehre gemacht werden, wurde ich durch meine eigenen Experimente immer mehr von der gebräuchlichen physikalischen Ansicht zu Goethe hin getrieben. Ich wurde gewahr, wie alles derartige Experimentieren nur ein Herstellen von Tatsachen ‹am Lichte› – um einen Goethe'schen Ausdruck zu gebrauchen – sei, nicht ein Experimentieren ‹mit dem Lichte› selbst. Ich sagte mir: die Farbe wird nicht nach Newton'scher Denkungsweise aus dem Lichte hervorgeholt; sie kommt zur Erscheinung, wenn dem Lichte Hindernisse seiner freien Entfaltung entgegengebracht werden. Mir schien, dass dies aus den Experimenten unmittelbar abzulesen sei.

Damit aber war für mich das Licht aus der Reihe der eigentlichen physikalischen Wesenhaftigkeiten ausgeschieden [Kursivsetzung: HCZ]. Es stellte sich als eine Zwischenstufe dar zwischen den für die Sinne fassbaren Wesenhaftigkeiten und den im Geiste anschaubaren. […] Und da wurde mir immer klarer, wie das Licht selbst in den Bereich des Sinnlich-Anschaubaren nicht eintritt, sondern jenseits desselben bleibt, während die Farben erscheinen, wenn das Sinnlich-Anschaubare in den Bereich des Lichtes gebracht wird. […]

Ich kam auf die sinnlich-übersinnliche Form, von der Goethe spricht, und die sich sowohl für eine wahrhaft naturgemäße wie auch für eine geistgemäße Anschauung zwischen das Sinnlich-Erfassbare und das Geistig-Anschaubare einschiebt.»[29]

Halten wir fest: Durch physikalische Experimente ist das Licht nicht zu fassen. Der Weg muss nach innen gehen: «Ich wollte den Erkenntnisweg ablehnen, der auf die Sinneswelt sieht und der dann nach außen durch die Sinneswelt zu einer wahren Wirklichkeit durchbrechen will. Ich wollte darauf hindeuten, dass nicht in einem solchen Durchbrechen nach außen, sondern in dem Untertauchen in das Innere des Menschen das wahre Wirkliche zu suchen sei. Wer nach außen durchbrechen will, und dann sieht, dass dies eine Unmöglichkeit ist, der spricht von Erkenntnisgrenzen. Es ist aber nicht deshalb eine Unmöglichkeit, weil das menschliche Erkenntnisvermögen begrenzt ist, sondern deshalb, weil man etwas sucht, von dem man bei gehöriger Selbstbesinnung gar nicht sprechen kann. Man sucht da gewissermaßen, indem man weiter in die Sinneswelt hineinstoßen will, eine Fortsetzung des Sinnlichen hinter dem Wahrgenommenen. Es ist, wie wenn der in Illusionen Lebende in weiteren Illusionen die Ursachen seiner Illusionen suchte.», so noch einmal Rudolf Steiner.[30]

Wo findet das Sehen statt?

Für ein sachgemäßes Verständnis von Licht ist es unabdingbar, das Sehen nicht als einen solchen Zustand aufzufassen, in dem jemand durch die Augen wie durch zwei Fenster in die Welt schaut.[31] Das zeigt die Analyse der Konstitution unserer Wirklichkeit (siehe Exkurs: Wie ist unsere Wirklichkeit konstituiert?): Das, was sich als Übersinnliches zum Sinnlichen hinzugesellt, hat keinen Ort im äußerlich vorgestellten Ding-Raum. Auch das, was als Wirklichkeit dabei entsteht, hat keine Dingwirklichkeit und auch keinen bestimmten Ort im Raum. Es ist ein ortsunbestimmbares Ereignis im Bewusstseinsraum (das eine ihm entsprechende Darstellung im Sehen findet). Genauso wenig, wie das ‹gesehene› Objekt ortbar ist, genauso wenig ist auch das ‹sehende› Subjekt ortbar.[32] Es zeichnet sich dadurch aus, dass es ‹Sehen› erfährt. Es ist im Sehen anwesend.[33]

Sehen ist damit ein Erscheinen von Welt,[34] in dem sich das (der oder die) Sehende und das Gesehene in einem gemeinsamen Erlebnisraum wiederfinden, in dem sich Licht (Sonne) und Bewusstseinslicht (Seele) zusammenfinden.

Sehen ist eine Parusie von Subjekt und Objekt im Licht.[35] Als (selbst unsichtbar) Sehende stehen wir im (selbst unsichtbaren) Licht. Als (selbst unsichtbar) Tagsehende stehen wir im (selbst unsichtbaren) Licht der Sonne.

Gernot Böhme formulierte eine sehr verwandte Einsicht in Bezug auf die Wirklichkeit: «Es geht um das Dasein, die Präsenz von Dingen, von Kunstwerken, von Tieren und Menschen. Dasein als spürbare Anwesenheit auf Seiten des traditionellen Objekts und Dasein als Spüren der Anwesenheit, als Befindlichkeit auf Seiten des traditionellen Subjekts. [...] Wahrnehmung ist ein Anregungszustand [...], ein Wirklichsein: Wahrnehmend wird man seiner selbst als anwesend in seiner Umgebung inne. Wahrnehmung ist eine geteilte Wirklichkeit. Sie ist Subjekt und Objekt, dem Wahrnehmenden und dem Wahrgenommenen gemeinsam. Das wahrnehmende Subjekt ist wirklich in der Teilnahme an der Gegenwart der Dinge, das wahrgenommene Objekt ist wirklich in der wahrnehmenden Präsenz des Subjekts.»[36]

Randbemerkung: Wer blickt wen an?

Wenn es sich beim Sehen um eine gemeinsame Parusie von Subjekt und Objekt handelt, so muss sich die Frage stellen: Wer blickt da eigentlich wen an? Wir formulieren umgangssprachlich oftmals: «Das da blickt mich aber heute komisch an!», und meinen damit mehr, als dass es heute anders erscheint als sonst. Man fühlt sich anders angesprochen, anders erblickt, anders angeblickt. Gernot Böhme zieht für dieses Erlebnis ein Gedicht von Rilke heran[37], das insbesondere in den letzten drei Zeilen das Erlebnis auf den Punkt bringt: Als Sehender wird man vom Objekt angeblickt.

Archaischer Torso Apollos

Wir kannten nicht sein unerhörtes Haupt,
darin die Augenäpfel reiften. Aber
sein Torso glüht noch wie ein Kandelaber,
in dem sein Schauen, nur zurückgeschraubt,
sich hält und glänzt. Sonst könnte nicht der Bug
der Brust dich blenden, und im leisen Drehen
der Lenden könnte nicht ein Lächeln gehen
zu jener Mitte, die die Zeugung trug.

Sonst stünde dieser Stein entstellt und kurz
unter der Schultern durchsichtigem Sturz
und flimmerte nicht so wie Raubtierfelle;
und bräche nicht aus allen seinen Rändern
aus wie ein Stern: denn da ist keine Stelle,
die dich nicht sieht. Du musst dein Leben ändern.

Rainer Maria Rilke, Frühsommer 1908, Paris

Weiter heißt es bei Böhme: «Das Entscheidende ist die Dialektik von Anblicken und Angeblicktwerden oder, besser gesagt, die Umkehrung dieses Verhältnisses. Der Betrachter [...] muss seine Selbstmächtigkeit aufgeben, indem er in die Atmosphäre des Kunstwerkes eintritt. Nicht er macht jetzt etwas, sondern es geschieht etwas mit ihm. – Dabei lässt sich, wenn man nun wieder auf die spezifische Atmosphäre des Blicks zurückkommt, auch die existenzielle Auslegung, die Rilke dieser Erfahrung gibt, rechtfertigen: Denn Blick wird als Atmosphäre erfahren, die einen stellt, an den Fleck bindet, an dem man ist, die einen ergreift und zum Objekt werden lässt.»[38]

Exkurs: Können Quanten das Wesen des Lichtes begreiflich machen?

Nur allzu oft wird dem hier verfolgten Ansatz entgegen gehalten, dass die moderne Quantenphysik ja im Prinzip zu denselben Ergebnissen gekommen sei. Auch sie fasse die Wirklichkeit doch längst schon geistig auf. Auch sie habe die Unumgänglichkeit einer subjektbezogenen Forschung längst erkannt, die sogenannte Heisenberg'sche Unschärferelation habe ja gezeigt, dass die jeweiligen Ergebnisse vom Standpunkt des Betrachters abhingen.

Doch zum einen, wie zum Beispiel auch Carl Friedrich von Weizsäcker resümierte, hat das Gros seiner Kollegen die Konsequenzen dieser Erkenntnis nie wirklich zu Ende gedacht oder in ihrer ganzen Konsequenz beherzigt: «Sie alle [die Physiker] waren stolz, etwas beweisen zu können. Dass sie das, was sie bewiesen hatten, dass sie nicht wussten, was es bedeutete, das merkten sie entweder nicht, oder sie erfanden eine Erkenntnistheorie, deren psychologischer Zweck es war, es nicht merken zu müssen»[39] Weizsäcker litt darunter, dass sich sogar Heisenberg selbst den philosophischen Konsequenzen seiner eigenen Ergebnisse, i.e. dass es eine Trennung zwischen Subjekt und Objekt nicht geben kann, nicht stellte.[40]

Und zum anderen wird ein entscheidender Aspekt der eingangs entwickelten Wirklichkeitskonstitution vergessen: Sie ist grundsätzlich eine Innen- und keine Außenwirklichkeit, sie ist eine Ereigniswirklichkeit – und keine Gegenstandswirklichkeit – im Bewusstsein des Menschen. Nur in der Selbstbeobachtung des eigenen Bewusstseins kann der Wesens- und Geistgehalt der Wirklichkeit gefunden werden. Nicht also milliardenschwere Projekte wie das CERN in Genf, sondern die seelische Beobachtung ist die Methode der Wahl. Daher wird in diesem Abschnitt der Frage, ob eine Quantenphysik das Wesen des Lichtes begreiflich machen kann, kritisch nachgegangen. Wir müssen diese Frage in aller Schärfe herausarbeiten, um den Wert des in diesem Buchessay erprobten Zuganges deutlich zu machen. Hierzu wird einmal mehr auf Rudolf Steiner rekurriert, der in dem folgenden längeren Zitat das grundsätzliche Problem in selten deutlicher Weise herausarbeitet.

Es sei noch einmal betont, dass Licht a) ein Phänomen des sehenden (das heißt belebten und beseelten) Auges ist, und daher b) als solches auch aufgesucht werden muss, um sein Wesen erfassen zu wollen.

Schaut man allerdings auf die Geschichte der naturwissenschaftlichen Forschung zum Licht, so hat man das Licht gerade in einer Welt außerhalb des lebendigen und beseelten Auges gesucht, dort, wo es per se nicht auffindbar ist. Man muss sich klar machen, dass auf diesem Wege Größen wie Einstein, Planck, Bohr suchten und dafür sogar Nobelpreise erhielten.[41] Wolfgang Streit schreibt am Ende eines Aufsatzes, der in ähnlicher Richtung wie dieses Buchessay sucht: «Forschung, wie sie heute zumeist betrieben wird, beschäftigt sich mit physischen, quantifizierbaren und damit an das Materielle gebundenen Phänomenen und hat der Welt so eine Vielzahl von weiteren Einsichten und Fragen ermöglicht. Die Existenz einer seelisch-geistigen Wirksamkeit verneint die etablierte Wissenschaft in der Regel. Doch so bleibt sie bei allem Fortschritt gleichsam am Karfreitag stehen, untersucht das Leblose und hält es für das Ganze. Und stellt dann fest: ‹Das Grab ist leer.›»[42]

Rudolf Steiner zeichnet in dem folgenden Zitat in sehr grundsätzlicher Weise dasselbe Bild des neuzeitlichen naturwissenschaftlichen Ansatzes. Ich erlaube mir, hin und wieder Kommentare in eckigen Klammern hinzuzufügen, um den Bezug zum Thema Licht zu unterstreichen.[43]

«Die naturwissenschaftliche Vorstellungsart schließt aus allem, was sie betrachtet, dasjenige aus, was an dem Betrachteten durch das Innenwesen der Menschenseele erlebt wird. Wie die Dinge und Vorgänge untereinander zusammenhängen, das erforscht sie. Was die Seele durch ihr Innenwesen an den Dingen erleben kann, dient nur dazu, zu offenbaren, wie die Dinge sind, abgesehen von den Innenerlebnissen [es interessiert nicht das gesehene und erlebte Licht, sondern das Licht ‹an sich›, wie es sich durch das Auge zwar offenbart, aber nicht sein wahres Wesen kundgibt]. Dadurch kommt das Bild des rein natürlichen Geschehens zustande. Es wird sogar dieses Bild umso besser seine Aufgabe erfüllen, je mehr die Ausschließung des Innenlebens gelingt. Man muss nun aber auf die charakteristischen Züge dieses Bildes sehen. Was in dieser Art als Naturbild vorgestellt wird, kann gerade dann, wenn es das Ideal naturwissenschaftlicher Erkenntnis erfüllt, nicht etwas in sich tragen, was jemals von einem Menschen – oder sonst einem seelischen Wesen – wahrgenommen werden könnte [sic!]. Die naturwissenschaftliche Vorstellungsart muss ein Weltbild liefern, das den Zusammenhang der Naturtatsachen erklärt, dessen Inhalt aber unwahrnehmbar bleiben müsste. Wäre die Welt so, wie sie die reine Naturwissenschaft vorstellen muss, so könnte diese Welt nie innerhalb eines Bewusstseins als Vorstellungsinhalt auftauchen [sic!]. Hamerling meint: ‹Gewisse Luftschwingungen erzeugen in unserem Ohr den Klang. Der Klang existiert also nicht ohne ein Ohr. Der Flintenschuss würde also nicht knallen, wenn ihn niemand hörte.› Hamerling hat unrecht, weil er die Bedingungen des naturwissenschaftlichen Weltbildes nicht durchschaut. Durchschaute er sie, so würde er sagen: Die Naturwissenschaft muss, wenn ein Klang auftritt, etwas vorstellen, was auch dann nicht klingen würde, wenn ein Ohr bereit wäre, es klingen zu hören. Und die Naturwissenschaft tut recht damit. Der Naturforscher Du Bois-Reymond drückt sich darüber (1872) in seinem Vortrage: ‹Über die Grenzen des Naturerkennens› ganz treffend aus: ‹Stumm und finster an sich, d.h. eigenschaftslos› ist die Welt für die durch die naturwissenschaftliche Betrachtung gewonnene Anschauung, welche ‹statt Schall und Licht nur Schwingungen eines eigenschaftslosen, dort zur wägbaren, hier zur unwägbaren Materie gewordenen Urstoffes kennt›, aber er schließt daran die Worte: ‹Das mosaische: Es werde Licht, ist physiologisch falsch. Licht ward erst, als der erste rote Augenpunkt eines Infusoriums zum ersten Mal Hell und Dunkel unterschied. Ohne Seh- und ohne Gehörsubstanz wäre diese farbenglühende, tönende Welt um uns her finster und stumm.› Nein, diesen zweiten Satz kann eben derjenige nicht sagen, welcher die ganze Tragweite des ersten kennt. *Denn die Welt, deren Bild die Naturwissenschaft mit Recht entwirft, bliebe ‹stumm und finster›, auch wenn sich ihr eine Seh- oder Gehörsubstanz gegenüberstellte* [Kursivsetzung: HCZ]. Man täuscht sich darüber nur deshalb, weil die wirkliche Welt, aus der heraus man das Bild der ‹stummen und finsteren› gewonnen hat, nicht stumm und finster bleibt, wenn man in ihr wahrnimmt.

Aber ich soll von diesem Bilde ebenso wenig erwarten, dass es der wirklichen Welt entspricht, wie ich von dem Bilde meines Freundes, das ein

Maler gemalt hat, erwarten kann, dass mir der Freund daraus entgegentritt. Man sehe sich nur die Sache von allen Seiten unbefangen an; man wird schon finden: Wäre die Welt so, wie die Naturwissenschaft sie zeichnet: von dieser Welt würde niemals ein Wesen etwas erfahren. *Die Welt der naturwissenschaftlichen Vorstellungsart ist allerdings in der Wirklichkeit gewissermaßen dort, woher der Mensch seine Sinneswelt wahrnimmt; allein sie wird ohne alles das vorgestellt, wodurch sie für irgendein Wesen wahrnehmbar sein könnte. Was diese Vorstellungsart als dem Licht, dem Ton, der Wärme zum Grunde legen muss, das leuchtet nicht, tönt nicht, wärmt nicht* [Kursivsetzung: HCZ]. Man weiß nur aus dem Erleben, dass man die Vorstellungen dieser Denkart von dem Leuchtenden, Tönenden, Wärmenden genommen hat; deshalb lebt man in dem Glauben, dass auch das Vorgestellte ein Leuchtendes, Tönendes, Wärmendes sei. Am schwersten ist die Täuschung für den Tastsinn zu durchschauen. Da scheint zu genügen, dass das Stoffliche eben als Stoffliches ausgedehnt sei, um durch den Widerstand die Tastwahrnehmung zu erregen.

Allein auch ein Stofflich-Ausgedehntes kann nur stoßen; nicht aber kann der Stoß empfunden werden. Der Schein trügt hier am meisten. Man hat es aber doch nur mit einem Schein zu tun. Auch das den Tastempfindungen zugrunde liegende ist nicht tastbar. Es sei noch ausdrücklich hervorgehoben, dass hier nicht bloß gesagt wird: die hinter der Sinnesempfindung liegende Welt sei eben anders, als was aus ihr die Sinne machen; es wird vielmehr betont, diese Welt müsse von der naturwissenschaftlichen Vorstellungsart so gedacht werden, dass die Sinne aus ihr nichts machen könnten, wenn sie in Wirklichkeit das wäre, als was sie gedacht wird [!]. Aus der Beobachtung heraus holt die Naturwissenschaft ein Weltbild, das durch seine eigene Wesenheit gar nicht beobachtet werden kann. [...] Die wirkliche Natur enthält eben einfach schon in sich, was in dieses Bild nicht aufgenommen werden kann. Die ‹finstere Welt› des Physikers könnte von keinem Auge wahrgenommen werden; das Licht ist schon geistig. Im Sinnlichen waltet das Geistige.»

Direkt hieran schließt Rudolf Steiner noch eine Fußnote an, die hier nicht vorenthalten werden soll, zumal sie auch auf die damals (wie heute) aktuellen Forschungen Max Plancks eingeht:

«Wenn jemand der oben gegebenen Darstellung mit dem Einwand begegnen wollte, sie berücksichtigte die Ergebnisse der Sinnesphysiologie nicht, so würde er damit nur zeigen, dass er die Tragweite dieser Darstellung nicht richtig wertet. Ein solcher könnte nämlich sagen: Aus der finsteren und stummen Welt erheben sich Bildungen, die sich immer weiter vermannigfaltigen und zuletzt zu Organen werden, durch deren Funktion z.B. die ‹finstern Ätherwellen› in Licht umgesetzt werden. Doch damit ist nicht etwas gesagt, das durch die hier gegebene Darstellung nicht betroffen würde. In dem Bilde der ‹finstern Welt› ist das Auge verzeichnet; aber durch kein Auge kann als wahrnehmbar gedacht werden, was durch seine eigene Wesenheit als unwahrnehmbar gedacht werden muss. – Man könnte vielleicht auch meinen, diese Darstellung berücksichtige nicht, dass das neueste naturwissenschaftliche Weltbild nicht mehr auf dem Boden stehe, auf dem noch z.B. Du Bois-Reymond gestanden hat. Man erwarte nicht mehr so viel wie dieser und seine wissenschaftlichen Gesinnungsgenossen von einer ‹Mechanik der Atome›, von einer Zurückführung ‹aller Naturerscheinungen auf Bewegungen kleinster Materieteile› usw. In den Anschauungen von Ernst Mach, dem Physiker Max Planck und anderen seien diese älteren Theorien überwunden. Doch das in dieser Schrift Gesagte gilt auch von diesen neuesten Anschauungen. Dass z.B. Mach das Feld der Naturforschung auf die Sinnesempfindung aufbauen will, zwingt ihn gerade, in sein Weltbild nur dasjenige von der Natur aufzunehmen, was seinem Wesen nach niemals als wahrnehmbar gedacht werden kann. Er geht von der Sinnesempfindung zwar aus, kann aber nicht wieder mit seinen Ausführungen in einer wirklichkeitsgemäßen Art zu ihr zurückkommen. Wenn Mach von Empfindung spricht, deutet er auf dasjenige, was empfunden wird; aber er muss, indem er den Gegenstand der Empfindung denkt, ihn vom ‹Ich› absondern. Er bemerkt nun nicht, dass er eben dadurch etwas denkt, was nicht mehr empfunden werden kann [!]. Er zeigt dies dadurch, dass in seiner Empfindungswelt der Ich-Begriff völlig zerflattert. Das ‹Ich› wird bei Mach zum mythischen Begriff. Er verliert das ‹Ich›. Weil er, trotzdem er sich dessen nicht bewusst ist, doch unbewusst gezwungen ist, seine Empfindungswelt unempfindbar zu denken, wirft sie ihm das

Empfindende – das Ich – aus sich heraus. Dadurch wird gerade Machs Ansicht zu einem Beweis für das hier Angeführte. Und Max Plancks, des Physiktheoretikers Ansichten, sind das beste Beispiel für die Richtigkeit der obigen Darstellung. Es darf sogar gesagt werden, dass die neuesten Gedanken über Mechanik und Elektrodynamik sich immer mehr nach der Richtung zubewegen, die hier als notwendig bezeichnet wird: aus der Wahrnehmungswelt heraus ein Bild einer Welt zu zeichnen, die nicht wahrnehmbar ist.»[44]

Fazit also: *Wollen wir das Licht seinem Wesen nach untersuchen, so können wir nicht auf die Welt rekurrieren, die das heute gültige naturwissenschaftliche Weltbild zeichnet. Licht gehört der Welt des Sichtbaren, der Welt des Ich-durchdrungenen Auges an. Licht ist Welterfahrung, ist ein In-der-Welt-Sein des Sehenden und des Gesehenen. Das durch etwa eine Quantenphysik untersuchte und erklärte Licht ist kein Licht mehr, es ist nicht gesehen![45] Licht ist keine physikalische Erfahrung!*

Exkurs: Was sind Phänomene?

Die vorhergehenden Kapitel haben mehrfach aufgezeigt, dass wir das Bild, das Modell einer vorgestellten Gegenstands- oder Materiewelt ‹an sich›, die zwischen Subjekt und Objekt einen unüberwindbaren Graben zieht, aufgeben dürfen. Damit stellt sich aber auch die Frage, was dann die sogenannten ‹Phänomene›, die wir in unserer Forschung zur Erkenntnis der Welt ins Auge fassen, ihrem Wesen nach sind. Sie sind ja offenbar keine da draußen gegebenen Gegenstände mehr. Was aber sind sie dann?

Wir sind es gewohnt, Phänomene als objektiv gegeben aufzufassen und auch als solche zu definieren. Was nicht objektiv gegeben ist, sei kein Phänomen (konjunktivisch und vokativisch gelesen). Mit ‹objektiv› verbinden wir immer auch die Vorstellung bzw. die unmittelbare Verknüpfung des Phänomens mit der vorgestellten dreidimensionalen Raumeswelt. In diese hinein legen wir das, was wir ‹Objekt› und in diesem Sinne ‹Phänomen› nennen.

Es scheint aber, dass das Phänomen erst dann zu fassen ist, wenn wir die Zuschauerrolle verlassen und dabei ernst nehmen, dass sich im Erleben des Betrachters das Phänomen konstituiert: Phänomene sind Ereignisse im Seelenraum. In diesem Sinne schreibt Rudolf Steiner: «Der Leib hat die Aufgabe, so zu wirken, dass man ihn mit einem Spiegel vergleichen kann. Wenn ich mit einer Farbe im gewöhnlichen Bewusstsein nur seelisch verbunden bin, so kann ich wegen der Einrichtung dieses Bewusstseins nichts von der Farbe wahrnehmen. Wie ich auch mein Gesicht nicht sehen kann, wenn ich vor mich hinblicke. Steht aber ein Spiegel vor mir, so nehme ich dies Gesicht als Körper wahr. [...] So ist es [...] mit der Sinneswahrnehmung. Ich lebe mit der Farbe außer meinem Leibe; durch die Tätigkeit des Leibes [...] wird mir die Farbe zur bewussten Wahrnehmung gemacht. Nicht ein Hervorbringer der Wahrnehmungen, des Seelischen überhaupt, ist der Menschenleib, sondern ein Spiegelungsapparat dessen, was außerhalb des Leibes seelisch-geistig sich abspielt.»[46]

Damit ist allerdings eine radikale Wende verbunden: Keineswegs sind die ‹Dinge› im vorgestellten dreidimensionalen Raumes-Kleid Phänomene –

gerade sie sind eben Nicht-Phänomene. Die mit dem Begriff Phänomen oft verbundene ‹Objektivität› findet sich in unserem Inneren.

Wir sind hiermit auch Zeuge einer Wende des Begriffes ‹Phänomen› zurück zu seinem Ursprung: ‹Phänomen› (von altgriechisch φαινόμενον fainómenon) meint etwas, das sich zeigt, ein Erscheinendes, eine mit den Sinnen wahrnehmbare, abgrenzbare Einheit des Erlebens. Ein ‹Phänomen› wurde primär sogar als luftartige Erscheinung aufgefasst.

So betrachtet ist das Phänomen zu gleicher Zeit sowohl das Erlebnis der Seele (also dasjenige, was sich zeigt) als auch die den Sinnen als Spiegel dargebotene Erscheinung desselben. Das, was sich zeigt, ist seinem Ausgang nach geistiger Natur. Es offenbart sich der Seele, wenn diese den sinnlichen Spiegel gewahr wird.

Die sinnliche Erscheinung erhält nun insofern ‹objektiven› Charakter, als sie ihrerseits als Beschreibung dessen aufgefasst werden kann, was zur Erscheinung kommt, was der Erscheinung als Seelenerlebnis zugrunde liegt. Die sinnliche Erscheinung verweist auf das und beschreibt das ‹Objekt›, das sich auf dem Schauplatz der Seele findet. In der aufmerksamen Zuwendung zur sinnlichen Erscheinung erfasse ich – seelisch beobachtet – wesentliche Aspekte dessen, was zur Erscheinung kommt.

Insofern ist die Beschreibung der sinnlichen Darbietung und die damit parallel laufende seelische Beobachtung die Methode der Wahl: Anhand und entlang der sinnlichen Erscheinung gilt es, die seelischen Erlebnisse ins Auge zu fassen. Was Goethe und Schiller als sinnlich-sittliche Wirkung der Farben beschrieben haben, ist in dieser Blickrichtung wegweisend und ein hilfreiches Orientierungsmittel. Auch das, was ‹Intentionalität› genannt wird, gehört hierher: das schauende Erfassen des in das Sinnliche eingreifenden Ideenlichtes.[47] Auch Merleau-Pontys Ringen mit dem schon zu seiner Zeit stark diskutierten Begriff der ‹Gestalt› gehört hierher.[48] Klassisch diesbezüglich ist Goethes «Urpflanze», die ihm verhalf, mit seinen Augen Ideen schauen zu können und dazu führte, Ideen zu haben, ohne es zu wissen (siehe hierzu auch das Kapitel «Licht sehen oder schauen?»).[49]

In diesem Sinne ist auch das Phänomen Licht als sinnlich-sittliches Erlebnis aufzufassen. Ja, man muss sogar umgekehrt sagen: Primär ist ‹Licht› ein sinn-

lich-sittliches Erlebnis: Es wird hell, es leuchtet ein, es ist erweckend, erheiternd, es durchströmt mit Sinngewalt, es herrscht webende Weisheit, sobald wir im Hinschauen auf die Welt des Augenblickes von ‹Licht› sprechen.

Vielleicht sollten wir aber im Sinne des bis hierher Entwickelten noch allgemeiner formulieren. Sinnlich-sittlich heißt: Ich bin erlebend beteiligt am sinnlichen Erscheinen seelisch-geistiger Wesenheiten. Ich erlebe mich angesichts einer sinnlichen Erfahrung in einer seelisch-geistigen (= sittlichen) Begegnung. Ich erlebe, wie durch mich hindurch eine Fülle von übersinnlichen Ideenlichtern zur sinnlichen Darstellung findet.

Licht und Schatten, sichtbar und unsichtbar, diesseits und jenseits, an- und abwesend

Licht ist gesehen und Sehen heißt Licht. Wollen wir das Licht ins Auge fassen, dann mit uns als Realisierendem und Erlebendem – so kurz gefasst, die bisher entwickelten Maximen. Im Folgenden wird nun versucht, mit diesem Blick auf alltägliche Phänomene des Lichtes zu schauen. Dieser – durchaus noch anfängliche – Versuch einer Phänomenologie von alltäglichen Erfahrungen mit Licht führt uns zu weitreichenden Einsichten und Begriffsbildungen.

Um dem Leser die Lektüre zu erleichtern, sollen vorab einige Schlüsselbegriffe glossarartig erläutert werden, deren Herleitung sich allerdings einenteils erst im Laufe der Betrachtungen ergibt bzw. deren Verwendung sich andernteils erst an gegebener Stelle als notwendig erweist.

Vorab-Glossar

Vier Lichtquellen

Es werden vier Ursprünge des Tageslichtes unterschieden: die Sonne, der Himmel, das Auge und das Bewusstsein des Betrachters:

Ohne das *Bewusstseinslicht* des Betrachters können wir nicht von einem Erscheinen der Welt für die Sinne sprechen.

Auch das *Auge* hat ein eigenes Licht. Das macht sich insbesondere dann bemerkbar, wenn dieses Licht mit dem Alter nachzulassen beginnt. Auch eine Brille hilft da nicht mehr wirklich weiter. Sie lässt uns zwar – je nachdem – in Ferne und/oder Nähe wieder scharf sehen, und dennoch sind wir mit zunehmendem Alter immer mehr auf die Unterstützung von externen Lichtquellen angewiesen. Nicht umsonst spricht man auch beim Erblinden vom Verlust des Augenlichtes. Je mehr das Auge an Leben verliert, desto schwächer wird sein Licht. – Hier deutet sich eine enge Verwandtschaft von Licht und Leben an, die wir im Zusammenhang mit dem Hervorteten des Lichtes aus dem Jenseits in den Kapiteln «Sichtbar und unsichtbar; diesseits und jenseits» und «Geburt: Dem Licht geneigt sein – oder sich dem Licht entziehen» nochmals eingehender beleuchtet werden.[50]

Es hellt, noch bevor die Sonne frei am Himmel steht; bei geschlossener Wolkendecke ist es tagsüber auch ohne Sonne hell. Der «*blaue Lichtdom* sendet so viel diffuse Helligkeit aus, dass eine Horizontalfläche von ihm zu gewissen Tageszeiten ebenso viel Licht empfangen kann, wie von der direkten gleichzeitigen Sonnenbestrahlung.»[51]

Mit dem Auftreten der *Sonne* am blauen Himmel treten Schlagschatten auf der Erde auf.

Wir können somit – probehalber – drei naturgegebene Ursprünge des Lichtes und einen mehr geistigen Ursprung (das Bewusstseinslicht) unterscheiden. Das Bewusstseinslicht vermag es, in der Finsternis zu leuchten.

Selbstleuchtend – mitleuchtend, eigenhell – mithell

Lichtquellen machen einen eigenaktiven Eindruck: Sie sind eigen- oder selbstleuchtend bzw. eigen- oder selbsthell. Was in ihren Bann gerät, tritt in die Sichtbarkeit – ist mitleuchtend oder mithell.

Es gibt *strahlende* Lichtquellen, wie die Sonne, die Kerzenflamme und die Sterne, sie leuchten. Was in ihrem Einflussbereich aufleuchtet, ist mitleuchtend.

Es gibt Selbstleuchtendes *ohne Strahlenkranz* wie den Tageshimmel oder auch den Mond. Solches tendiert eher zu runden Formbildungen: Der Himmel wölbt sich zum Dom und der Mond sammelt unter gegebenen Umständen einen runden und farbigen Hof um sich herum. Diese Lichtquellen sind eigenhell. Was in ihren Bann gerät, ist mithell.

Selbstleuchtendes hat in Sonne und Kerzenflamme Vertreter, die eher ein warmes Licht verbreiten; Mitleuchtendes hat im weißlichen Himmelsblau und in der Mondenhelligkeit Vertreter mit eher kühlerem Licht.[52] Mond und Himmel schenken eher ein diffuses Licht, während das strahlende Licht der Sonne und der Kerzenflamme dunkle Schlagschatten werfen kann.

Die Sonne gilbt, der Himmel bläut – beide mildern das ‹reine Licht› zur Farbigkeit ab: Licht vor Dunkelheit ergibt Blau, Dunkelheit vor Licht ergibt Gelblich-Rötliches – so beschrieb es Goethe in seiner Farbenlehre.[53]

Und noch ein Letztes: Es war im Abschnitt vorher die Rede von vier Lichtquellen. Sicher ist es berechtigt, auch beim Bewusstseinslicht zwischen ‹selbstbewusst› und ‹mitbewusst› zu unterscheiden. Im ersten Fall ist das Bewusstsein von mir selbst gemeint und im zweiten Fall das Bewusstsein von etwas anderem. Diese Unterscheidung wird aber in den vorliegenden Untersuchungen nur eine marginale Rolle spielen (siehe z.B. Randbemerkung: Wer blickt wen an?).

Und wie ist das beim Augenlicht? Dürfen wir hier zwischen dem strahlenden Auge(nblick) und dem sehenden Auge unterscheiden? Im ersten Fall zeigt das Auge sein ‹Leuchten› (selbstleuchtend); im zweiten lässt es die Welt ringsum zur Erscheinung kommen (mitleuchtend).

Zentrisch und exzentrisch

Es sei in diesem Zusammenhang auf eine augenfällige Metamorphose von den Tag- zu den Nachterscheinungen hingewiesen: Was tagsüber als *Strahlendes* in der Sonne einen großen Fokus hat, das zerstreut sich in die Unzähligkeit der funkelnden Sterne am nächtlich ausgebreiteten Firmament. Was nachts als Mondenhelle einen runden Fokus erhält, tritt tagsüber als ausgebreitete *Helligkeit* am leuchtenden Himmel zutage. Zu dieser Metamorphose zählt wohl auch, dass dasjenige, was als regenbogenfarbiger Kreis um den leuchtenden Mond *herum* auftreten kann, sich als Regenbogen tagsüber *innerhalb* der Himmelshelligkeit findet.

Sichtbares und unsichtbares Licht; diesseitiges und jenseitiges Licht; Geburt; Stoff

Im Diesseits kann Licht an Staubpartikeln aufleuchten, *sichtbar* werden; oder es verbleibt zwischen der Lichtquelle und dem Mitleuchtenden *unsichtbar*.

Lichtquellen sind Durchtrittsorte (oder auch Sammelorte) für Licht: Sobald sie leuchten, tritt etwas selbst Unsichtbares ins *Diesseits* ein, das alles, was in seinen Bann gerät, aufleuchten lässt – wir nennen dieses Unsichtbare dann ‹Licht›. Sobald die Kerzenflamme (als Beispiel für eine Lichtquelle) ausgelöscht wird, ist dieses ‹Etwas› wieder ins Unsichtbare des *Jenseits* entschwunden.

So können wir von *anwesendem unsichtbaren* Licht (diesseits) und *nicht-anwesendem unsichtbarem* Licht (jenseits) sprechen.

Das Heraustreten des Lichtes aus dem Jenseits ins Diesseits kann *Geburt* genannt werden.

Licht leuchtet am Stoff auf. Mit ‹Stoff› ist nicht mehr gemeint, als dass dieser Weltbereich nicht selbstleuchtend oder selbsthell ist, sondern zum Erscheinen einer Lichtquelle bedarf. Insofern ist alles Sinnliche als solches – frei von Licht gedacht – ‹Stoff›. Die Kerzenflamme ist dort am hellsten, wo mit dem Ruß am meisten Schwärze, am meisten Stoff anwest. Schaut man aus einer Höhle ins Licht, so ist das Licht blendend hell. Und auch unser Auge ist in seinem Innern tief schwarz – das zeigt uns die Pupille.

Himmelsnacht – Erdennacht; Tages-Himmel – Tages-Erde

Im Nachthimmel oder in der Himmelsnacht ist Licht anwesend: Ein Satellit leuchtet dort oben auf. Die Nacherde (oder die Erdennacht) zeugt bei totaler Finsternis von der Abwesenheit des Lichtes. Stockfinster wird es aber in der Regel nur, wenn sich zwischen den Nachthimmel und die Erde noch eine ‹irdische Decke› einschiebt: Sei es die Wolkendecke, das Laubdach des Waldes oder sei es schlicht (und im optimalsten Falle) eine Höhle – in der auch tagsüber Verhältnisse der idealen Nacherde herrschen.

Wir können auch so sagen: Finstert es, dann ist der Einfluss des Stofflichen, des Irdischen größer als der des Lichtes. Licht leuchtet zwar am Stofflichen auf, nimmt das Stoffliche aber überhand, so dunkelt es immer mehr, bis es schließlich finster wird. Das Stoffliche nimmt am effektivsten Überhand, wenn es die Sicht zur Sonne verdeckt.

Es sei beiläufig noch eine Bemerkung zur Übermacht des Lichtes gegenüber der Finsternis gemacht: Ein Schatten am Tag schwächt das Licht in keiner Weise; im Gegenteil, in seinem Kontrast leuchtet das Licht umso mehr auf. Ein kleines Flämmchen, in einer finsteren Höhle entzündet, macht die Nacht zum Tag.

Geistig, seelisch, stofflich – ätherisch

Wir können also sagen: Das unsichtbare Licht (gleich ob diesseits oder jenseits), das ‹reine Licht› hat geistige Qualität. Wird es gemildert, dann treten seelische Qualitäten auf: Es bläut (Himmel), es gilbt (Sonne). Und wird es gleichsam vom Finstern ‹verschluckt›, dann haben wird es mit Stoff zu tun. Licht tritt damit sowohl im Geistigen als auch im Seelischen wie auch im Stofflichen zutage.

Das geistige Licht wird auch von denjenigen wahrgenommen, denen kein Augenlicht zur Verfügung steht. Der blinde Schriftsteller, Dozent und Widerstandskämpfer Jaques Lusseyran (1924–1971) beispielsweise sprach vom «wiedergefundenen Licht».[54] Es ist ein rein geistiges, inneres Licht. Das seelische Licht ist vor allem mit dem Erscheinen des Farbigen verbunden. Farbiges berührt uns seelisch. Gelb leuchtet seelisch, Rot warmt seelisch, Blau tieft und weitet seelisch. Seelisch ist auch das Bewusstseinslicht; es verbleibt im Innern: Es tritt nicht leuchtend nach außen hervor wie das Licht eines Selbstleuchtenden.

Selbstleuchtendes, Mitleuchtendes, Aufleuchtendes, mithin ‹sichtbares Licht› ist weder rein geistig, noch allein seelisch, noch allein stofflich. Licht verklärt in diesen Fällen alles Sinnliche mit seiner Anwesenheit, sodass das Sinnliche vom Licht zeugt. Das eigentlich unsichtbare Licht nimmt hier eine ‹Sichtbarkeit› an. Licht befindet sich hier in einer Art ätherischem Zwischenzustand: Es zeugt von sich und zugleich von der Welt.

Nach dieser begrifflichen (und unvermeidbar auch schon phänomenologischen) Einführung werden nun Alltagsphänomene des Lichtes mit der vordergründigen Frage verfolgt, ob Licht sichtbar oder unsichtbar sei. Die widersprüchliche Ambiguität des Lichtes zwischen sichtbarem und unsichtbarem Erscheinen enthält eine tiefgründige Rätselhaftigkeit, die letztlich in der Frage nach dem Wesen des Lichtes besteht.

Nachtsehen – Bewusstseinslicht

Die Formulierung «Licht ist ein Phänomen des Sehens» schützt nicht vor Missdeutungen. Auch diese Formulierung können wir missverstehen, dann nämlich, wenn wir die ursprünglich seelische Erfahrung ‹Licht› ungemäß ‹verobjektivieren›, ‹Licht› also als ein Objekt des vorgestellten Gegenstandsraumes auffassen. ‹Licht› ist aber viel zu sehr mit dem Sehen verschmolzen, als dass man es davon loslösen könnte. Kein Licht ohne den Sehenden.

Und umgekehrt gilt auch: Wir sehen nichts, ohne das Licht. Wobei wir hier genauer sein müssen. Auch nachts sehen wir durchaus etwas; selbst in der extremen Nacht, in der es so dunkel ist, dass wir nur noch Schwärze sehen, selbst dann sehen wir noch. Wir sehen keine Welt des (Sonnen-)Lichtes, sondern eine Welt der Dunkelheit – wir sehen Schwarz. Es scheint die Anwesenheit des (Sonnen-) Lichtes zu fehlen.

Das ‹Schwarz-Sehen› gilt in diesem Extrem eigentlich nur für eine ‹Höhlensituation›. Denn unter freiem Sternenhimmel ist die Welt doch noch erstaunlich gut zu sehen (wenn auch keine Tageswelt mit Farbe und Räumlichkeit etc.). Erst wenn sich zwischen den Sternenhimmel und die Erde Wolken schieben, dann kann es finster werden (‹kann› – denn oftmals sorgen gerade dann die Wolken für eine diffuse Helligkeit). Wer sich nachts unter das Laubdach des Waldes wagt, dem stehen Situationen in Aussicht, in denen man die eigene Hand vor Augen nicht sehen wird.

Um wirkliche Schwärze zu erreichen, bedarf es demnach selbst in der Nacht einer Abschirmung des Himmelslichtes. Das tiefe Innere einer Höhle ist hierfür die beste Bedingung.

Doch selbst in dieser tiefen Finsternis sind wir nicht blind. Erst das Blindsein tritt wirklich in ein Nicht-Sehen ein.[55] So gesehen, sieht das gesunde Auge auch ohne (Sonnen-)Licht. Ich habe ja ein Seherlebnis!

Im nachtsehenden Auge kann so das im Bewusstsein leuchtende Licht entdeckt werden. Dieses Licht kann bei völliger Finsternis als ein ‹inneres›, nur für mich leuchtendes Licht (ähnlich den farbkomplementären Nachbildern) gesehen und erlebt werden. (Ganz entsprechend hören wir in unserem Innern Musik, auch wenn sich von außen kein Anlass dazu bietet.) Das Licht des nachtsehenden Auges kann aber auch schlicht als der Moment des Sehens von Finsternis erlebt werden. Das Bewusstseinslicht flüchtet dann nicht das Sinnliche, sondern hält ihm die Treue, hält seine Zeugenschaft aufrecht – selbst dann, wenn es von außen her nur Schwärze angeboten erhält.

Was aber tritt ins Sehen ein, wenn es Tag wird (als *das* Urphänomen des Licht-Werdens)? Mit dem Tagwerden tritt für das Sehen eine Erfüllung ein: Es findet seinesgleichen. Das Licht des Auges verbindet, vereint im Tagsehen sein eigenes Licht (samt Bewusstseinslicht) mit dem Licht der Sonne zum Sehen/Erscheinen/Erscheinenlassen der farbigen Welt. Das Licht der Sonne zeigt dabei seine ganze Größe. Das Tagwerden zeugt in seiner Verwandtschaft von Sonnen- und Augenlicht (samt Bewusstseinslicht) und in der Übermacht der Sonne davon, dass das eigene Augen-Licht (samt Bewusstseinslicht) im Licht der Sonne urständet.

Randbemerkung: Selbstanschauung des Schönen

«Das Morgenlicht der Sonne ist der Aufgang des göttlichen
Geistes, der im ‹Geist, der schaut›, zur Selbstanschauung
des Schönen wird: das ist schließlich nicht ein Sehen ‹des
Lichtes draußen›, sondern selbst bei verdunkeltem Augen-
sinn ein Sehen des inneren Überlichts.»

Aus: Plotin: Enneaden V 5,7/8, zitiert nach H. Böhme 1994.

Der Schatten steht im Licht

Gehen wir von zwei Grunderfahrungen aus: «Wir sehen einen Schatten» etwa auf
dem Boden zu unseren Füßen; und: «Wir sehen einen ‹Lichtfleck›», beispielsweise auf
einer Blattoberfläche. Es gibt zum einen ein Selbstleuchtendes, in dessen Umgebung
sich ein Schattengeber stellt, sodass sich ein Schatten auf dem Boden zeigt. Und es
gibt zum anderen ein Selbstleuchtendes, in dessen Umgebung sich ein Laubblatt
begibt und damit an seiner Oberfläche einen leuchtenden weißen Fleck aufweist.

Einen Schatten sehe ich nur als einen solchen, wenn ich den Bezug zur Sonne mit
sehe. Beziehungsweise andersherum: Weil ich ‹Schatten› sehe – und nicht ‹Grau› –,
weiß ich, dass ich ein in der Welt wirksames Zusammenhangschaffendes mit sehe.

Notabene: Das malerisch geschulte Auge weiß nicht von ‹grau›, sondern allenfalls
von gebrochenen, abgeschatteten Farben; denn tatsächlich weisen die allermeisten
Schatten Farbtingierungen auf. Wenn also im Folgenden dennoch weiterhin von
‹grau› gesprochen wird, so geschieht das in dem hier erläuterten Sinne (und nicht
als Abstraktion).

Sehe ich also Schatten und nicht grau, so habe ich, um mit Goethe zu sprechen,
eine Idee, ohne es zu wissen, ich schaue die Idee mit Augen. Der Zusammenhang
selbst, der erst Licht auf die Beziehung des grauen Flecks zur Sonne wirft, ist unsichtbar
und doch erhebt er das Sinnliche über sich hinaus. Wir sehen ‹Grau›, das aber über
sich hinaus auf ein Selbstleuchtendes (die Sonne) verweist und daher Schatten ist.
– Auch wenn der Zusammenhang selbst nicht-sinnlich auf die Sonne verweist (oder
gerade deswegen), ist er dennoch anwesend, andernfalls würden wir den Schatten
nicht als einen solchen sehen.

Diese ‹Entdeckung› soll uns aber nicht ‹blenden›, sie soll uns nicht für eine Frage blind machen, die sich hier unmittelbar stellen muss: Ist dieser Zusammenhang ein solcher des Lichtes oder des Schattens? Denn wir sehen ja Schatten und nicht Licht!?! Wie soll ein solcher Zusammenhang, den wir im Sehen erfahren, der aber ein solcher des ‹Schattens› ist, heißen? Bei einem glänzenden weißen Fleck im Grün einer Blattoberfläche von Licht zu sprechen, das leuchtet unmittelbar ein – aber wie sollen wir von einem Zusammenhang des Schattens mit der Sonne sprechen? – Gibt es andere ‹Schatten-Situationen›, die uns in dieser Frage weiterhelfen können?

Die Nacht als Schatten

Auch die Nacht ist ein Schattendasein. Der Bezug zur Sonne ist dabei allerdings nicht mehr im Nebeneinander (Raumesanschauung; Erscheinungszusammenhang), sondern im Nacheinander (Verwandlungszusammenhang).[56] Statt Raum entsteht nun das, was wir Zeit nennen. Diese Art der Zeit ist eine erfüllte Zeit, denn sie besteht aus Beziehungskraft. Eine Beziehungskraft – nicht wie beim Licht (oder auch beim Schatten) von hier nach dort, sondern von vorher, jetzt und nachher.[57] Die Nacht kann insofern als Schatten in der Zeit aufgefasst werden. Der Schatten ist in diesem Falle nicht mehr eine Parallelerscheinung zum Leuchtenden, sondern ein Nachbeben desselben (bzw. der Sonne).

Zur Verdeutlichung der hier vorgeschlagenen Sichtweise sei auf die räumliche Erklärungsweise der Nacht als Schatten hingewiesen. Hierzu begibt man sich auf eine Position außerhalb des Erdenplaneten und schaut diesen von weit, weit weg in seinem räumlichen Zusammenhang mit der Sonne an. Die Sonne wird dabei als Lichtquelle betrachtet, von der der Erdenball (mehr oder weniger) seitlich wie von einer großen Taschenlampe beleuchtet wird. Man verlässt also schlichtweg für diese Art der Erklärungsweise die Erde. Man begibt sich – je nachdem – vorstellungsmäßig oder leiblich in die Zuschauerposition, also gerade in diejenige, die wir bereits eingangs zugunsten eines subjektbezogenen Forschungsansatzes verworfen haben. Nur mit diesem letzteren aber befinden wir uns bei uns, mit der Welt und auf der Erde.

Stünde man insofern auch als Nachtsehender im Licht (des zeitlichen Verwandlungszusammenhanges), genauso wie der Schattensehende im Licht (des räumlichen Erscheinungszusammenhanges) steht?

Man muss wohl zugeben, dass der ‹zeitliche› Zusammenhang des Nachtschattens mit dem Licht der Sonne ein ‹gedachter› und kein ‹gesehener› ist wie beim Tagschatten oder wie beim aufleuchtenden Lichtfleck auf einem grünen Laubblatt. Im Gegensatz aber zum ebenfalls gedachten ‹außerirdischen›, also abstrakten (räumlich vorgestellten) Zusammenhang von Nacht und Sonne, stehen wir in dem zeitlichen Zusammenhang, im Verwandlungszusammenhang doch mittendrin. Wir erleben jeden Tag die Verwandlung der Nacht zum Tag (und umgekehrt) auf Erden. Der Zusammenhang ist zwar nicht sichtbar, aber doch als Verwandlungszusammenhang wirksam.

Wir haben im Nachtschatten keine (sichtbare) Lichtbeziehung (keinen Erscheinungszusammenhang = Lichtäther), sondern einen (unsichtbaren) Verwandlungszusammenhang (= chemischer Äther).

Was lernen wir hieraus? Um wirklich von Licht (bzw. Schatten) sprechen zu können, bedarf es der Zugänglichkeit für das Auge (oder allgemein für die Sinne). Wir dürfen also das Licht einerseits nicht zu sehr veräußerlichen (in Form von Wellen, Korpuskeln, Energien etc.), wir dürfen andererseits das Licht aber auch nicht einfach verinnerlichen und den Bezug zum Sinnlichen verlieren (wie das aber der Fall wäre, wenn ich den Verwandlungszusammenhang einfach als ‹Licht› bezeichnen würde). Das Licht schiebt sich als eine sinnlich-übersinnliche Wirklichkeit zwischen ‹bloß innen› und ‹bloß außen›, zwischen sichtbar und unsichtbar, zwischen sinnlich und übersinnlich bzw. ‹bloß irdisch› oder ‹bloß himmlisch›.

Schatten und Leuchten

Die Beziehung des Selbstleuchtenden zum Schatten verlangt per se eine sichtbare (insofern gleichzeitige) Beziehung (insofern Zusammenhänge überhaupt sichtbar sein können), also einen Erscheinungszusammenhang und keinen Verwandlungszusammenhang. – Die Nacht als einen ‹zeitlichen Schatten› zu denken, ist zwar durchaus berechtigt, und doch hilft es in der Frage nach dem, wie man die Beziehung des Schattens zur ‹Lichtquelle› nennen sollte, vorläufig nicht weiter, da wir es nicht wirklich mit einem Phänomen des ‹Leuchtens› zu tun haben.

Kehren wir daher noch einmal zu der Situation des Schattens am Tage, also zum Tagschatten zurück. Ist die Sonne einmal am wolkenfreien Himmel erschienen, so entzweit sich die Welt in Orte des Lichtes und Orte des Schattens. Sowohl die Orte des Lichtes als auch die Orte des Schattens stehen in Beziehung zur Sonne.

Schauen wir uns den Tagschatten aus einer anderen Perspektive an. Bisher haben wir ihn gewissermaßen von außen angeschaut, indem wir nur auf seinen Zusammenhang mit der Lichtquelle geachtet haben. Wir haben das Dreigestirn ‹Selbstleuchtendes → Schattengeber → Schatten› wie von der Seite betrachtet. Wie ist es aber, wenn ich mich selbst ganz in den Schatten hineinbegebe? Wenn ich selbst nirgends von dem Selbstleuchtenden der Sonne ‹getroffen› werde – wie ist dann meine Situation? Stehe ich dann im Dunkeln, in einer vollkommenen Abwesenheit von Licht, so wie in einer finsteren Höhle? Sicher nicht, denn wir haben Tag, und zum Tag gehört als zweite Lichtquelle der Himmel. Es ist also immer noch vieles um mich herum zu sehen, es ist nicht Nacht, es ist hell. Was aber fehlt, ist eine Beziehung zur Sonne. Wenn ich so im Schatten stehe, dass ich selbst nirgends im Sonnenlicht aufleuchte, bekomme ich die Sonne nicht zu Gesicht; der Schattengeber verdeckt mir die Sicht zur Sonne. Im Schatten gerate ich in eine die Sonne verdeckende, ihr Licht negierende Situation.

Im Schatten stehend habe ich den Zusammenhang mit der Sonne verloren. Den Schatten doch als einen Zusammenhang zur Sonne aufzufassen, das gelingt mir nur, wenn ich mich aus ihm wieder herausbegebe und das ganze Ensemble von Sonne, Schattengeber und Schatten von außen anschaue.

Während in der finsteren Erdennacht weder Sonnen- noch Himmelslicht anwesend sind, ist im Tagschatten nur das Sonnenlicht abwesend. In der Erdennacht habe ich den Bezug zur Sonne und zum Himmelslicht (weitgehend) verloren; im Tagschatten habe ich den Zusammenhang mit der Sonne verloren. Der (für eine Ameise betretbare) weiße Fleck auf dem Blatt oder ein sonnenbeschienener (und für uns betretbarer) Innenhof weisen immer zur Sonne, egal ob von außen betrachtet oder ob am Orte des Flecks oder Hofes stehend. Sie bejahen den Zusammenhang zur Sonne, sie ‹leuchten›. Der Schatten verneint seinen Zusammenhang mit der Sonne, er ‹schattet›, er weist das Sonnenlicht von sich.

Das nun also ist die Antwort auf die Frage, wie wir den Zusammenhang zwischen Schatten und Lichtquelle auffassen und damit benennen sollen. *Es gibt offensichtlich ein den Zusammenhang mit der Sonne bejahendes Verhältnis – das Leuchten – und ein den Zusammenhang mit der Sonne verneinendes Verhältnis – das Schatten.*

Die Nacht ist eine Steigerung des Schattens, und noch mehr ist die Höhle eine Steigerung der Nacht, denn die Höhle lehnt tags und nachts die Sonne ab. Sie tritt weder in Bezug auf den Erscheinungszusammenhang noch in Bezug auf den Verwandlungszusammenhang mit der Sonne in ein bejahendes Verhältnis. Sie ist aus einem Orts- und Zeitzusammenhang mit der Sonne herausgefallen. *Die finstere Höhle ist ein Ort der Abwesenheit von Sonnen- und Himmelslicht. Hier kann nur das Bewusstseinslicht des Menschen standhalten, indem es das Schwarz-Sehen bejaht. So dringt Licht in die Finsternis.*

Erden- und Himmelsnacht

Auf die Grundgesten des Leuchtens und des Schattens kommen wir am Ende dieses Kapitels im Abschnitt «Geburt: Dem Licht geneigt sein – oder sich dem Licht entziehen» noch einmal zu sprechen. Wir werden noch sehen, dass sich diese beiden Grundgebärden des Leuchtens und Schattens als außerordentlich hilfreich zur Einschätzung der modernen Bildschirmmedien erweisen werden, die ja auch allesamt mit ‹Licht› arbeiten. Doch bevor wir dieses neue Terrain betreten werden, bedarf es weiterer Betrachtungen, um der Frage nach der Sichtbarkeit oder der Unsichtbarkeit des Lichtes auf der Spur zu bleiben.

Nicht nur der Vollständigkeit wegen und der Wunderhaftigkeit halber sei hier noch zwischen Erden- und Himmels-Nacht differenziert. Nehmen wir an, wir kämen in die Gelegenheit, einen Satelliten in den Orbit befördern zu dürfen. Wir stehen unten auf der Erde, es ist tiefschwarze Nacht und nur grelles Scheinwerferlicht sorgt an dem entlegenen Ort der Abschussrampe dafür, dass wir unseren Satelliten so recht zu Sicht bekommen können.

Es müsste uns doch mehr als erstaunen, dass der Satellit, kaum dass er die kosmischen Weiten der Himmelsnacht erreicht hat, als ein kleiner, bewegter Stern aufleuchtet! Wieso geht er im Dunkel des Nachthimmels nicht ins allgemeine Schwarz verloren und damit auch unserem Auge? Zumal es ja hier unten auf der Erde künstlichen Lichtes bedarf, um ihn überhaupt sehen zu können. Es scheint, dass der uns so dunkel erscheinende Nachthimmel ganz erfüllt von – unsichtbarem – Licht ist. Und je dunkler hier unten die Erdennacht ist (d.h. je weniger künstliches Licht anwesend ist), desto mehr Sterne leuchten im Nachthimmel auf, und das Firmament füllt sich mehr und mehr mit – sichtbarem – Licht.

Man bemerke also: *Es gibt eine Dunkelheit, in der kein Licht anwesend ist – Erdennacht; und es gibt eine solche, in der sich die Anwesenheit von Licht durch ein Aufleuchten (an Festem) kundtut – Himmelsnacht. Mit der Morgendämmerung kommt die Himmelsnacht auf die Erde und leuchtet als Tag um uns herum auf.*[58]

Ähnliches spielt sich mit dem Aufgang der Sonne ab. Diese kündet zuerst im aufleuchtenden Widerschein der bereits durch das allgemeine Himmelslicht sichtbaren Dinge von ihrem Erscheinen: Anfangs leuchten die hohen Bergspitzen auf, dann die Hänge und schließlich auch das Tal. Auch hier gibt es also zunächst einen irdischen und einen himmlischen Aspekt: einen Erdentag, in dem das beleuchtende Licht der Sonne nicht anwesend ist (also unten im Tal) und eine Art von Himmelstag (vielleicht besser Erdenhimmel), der schon hellend und mitleuchtend von der aufgehenden Sonne zeugt.

Augen- und Sonnenlicht

Es gibt einerseits das Verhältnis zwischen Sonne (selbstleuchtend) und dem erscheinenden ‹Objekt›, an dem sich Schatten und (Auf-/Mit-)Leuchtendes ergeben; es gibt andererseits das Verhältnis zwischen dem Auge des Betrachters und dem (mit)leuchtenden bzw. schattenden Gegenstand.

Ohne das Sonnenlicht gäbe es keine Schatten und kein (Mit-)Leuchtendes. Ohne das Auge gäbe es kein Sehen. Tritt das Auge in die Blickrichtung der Sonne, blickt es also mit der Sonne (im Rücken) in die Welt, so vereinen sie sich zu einer gemeinsamen Wirklichkeit. Das Sonnenlicht überflutet Schattendes und (Mit-)Leuchtendes zugleich – auch der Schatten ist eine Erscheinung, die im Lichte steht.

Das Augenlicht nimmt teil an diesem Geschehen: Es zeugt, während ihm die Sonne zeigt.

Erinnern wir uns: Sowohl das Sonnenlicht als auch wir als Betrachter sind unsichtbar anwesend (siehe Kapitel «Gesehenes Licht») – und doch verleihen wir zusammen der Welt ihre Sichtbarkeit. Das gilt auch für das, was wir ‹Licht und Schatten› nennen.

Unter Anleitung des übersinnlichen Sonnenlichtes schaut der übersinnliche Mensch in die Welt, die sich als ein von der Sonne beleuchteter und vom Menschen realisierter sinnlicher Spiegel erweist. Die sinnliche Erdenwirklichkeit ist eine Bildwirklichkeit – sie verweist von sich auf das in ihr anwesende, in ihr zur Darstellung kommende Licht der Welt.

Die Welt ist dabei aber nicht nur ein mattes Schattenbild, währenddessen das Licht allein in mir als Ideenlicht leuchtet. Das Licht greift über in das Sinnliche, so dass dort das Licht und die Welt sichtbar werden. – Mit dieser Einsicht betrachten wir im nächsten Abschnitt den ‹Durchtrittsort› Flamme.

Randbemerkung: Eigenhell und Mithell

Georg Maier entwickelte in seinem Buch «Optik der Bilder» die Begriffe «eigenhell» und «mithell». Er kommt zu der folgenden Zusammenfassung:

«Die Kerzenflamme, für sich genommen, besitzt *eigene Helligkeit*. Die Körper in ihrer Umgebung leihen sich die Helligkeit von der Kerzenflamme, die Dunkelheit vom Hintergrund der Stube. Wir wollen sie *mithelle Körper* nennen. [...]

Mithelles bis zum rein Weißen. Hingabe an die Umgebung bis zur Durchsichtigkeit. Wenn die Wortschöpfung nicht so befremdlich wirken würde, so wäre ‹Mitsichtiges› richtiger.

Eigendunkel bis zum satten Schwarz. Aussehen der nach außen abgeschlossenen Höhle. Fähigkeit im Glühen, die innere Hitze als Eigenhelligkeit zur Erscheinung zu bringen. Ebenso könnte hier von ‹Eigensichtigem› gesprochen werden.»[59]

Auf dieser Grundlage erfolgt die in diesem Buch zusätzlich vorgenommene Differenzierung zwischen eigenhell und selbstleuchtend.

Durchtrittsort Flamme

Halten wir in einem dunklen Raum unsere Hand in die Nähe einer Kerzenflamme, so leuchtet die der Flamme zugewandte Seite auf. Zwischen Flamme und Hand ist nichts bzw. Dunkelheit zu sehen. Halten wir in diesen Zwischenraum einen Gegenstand, so leuchtet auch dieser wiederum auf. Etwas Unsichtbares west um die Flamme herum an, das alles, was in seinen Bann gerät, aufleuchten macht.

Pusten wir die Kerze aus und verfahren wir dann ganz entsprechend mit Hand und Gegenstand, so leuchtet nichts mehr auf. Das Unsichtbare, das alles aufscheinen macht, ist weg. Erst mit dem erneuten Entzünden der Flamme wird das Unsichtbare wieder anwesend. Offensichtlich ist die Flamme eine Art ‹Durchtrittsort› von etwas Unsichtbarem, das wir aufgrund seiner Wirkung Licht nennen.

Dieses Unsichtbare wird an der Sinnesseite der Welt, an dem, was wir Stoff nennen, zum Licht. Dort, wo die Kerzenflamme am hellsten ist – der weißliche Bereich in der Mitte der Flamme – befindet sich auch am meisten Stoff. Hält man in diesen Bereich ein weißes Kreidestück, setzt sich pechschwarzer Ruß ab. Das Unsichtbare braucht also immer Stoffliches, an dem es seine Anwesenheit als Licht erweisen kann, selbst in der Flamme ist das so.

Durchtrittsort Flamme: Wo sie am hellsten leuchtet,
findet die Kreide die meiste Schwärze. (Fotos: HCZ)

Übertragen wir diese Einsicht auf die Sonne, so haben wir mit der Sonne einen mächtigen Durchtrittsort für dieses Unsichtbare am Himmel: keine irdische Erscheinung ohne das unsichtbare Licht der Sonne.

Man bedenke: Zum Entzünden der Kerzenflamme bedarf es bereits eines Anderen, das selbst Durchtrittsort geworden ist – zum Beispiel einer anderen brennenden Kerze. Und woher hat nun diese wieder ihr Licht? Es muss sozusagen einen Prometheus geben, der das Feuer vom Himmel holt, der die Initialzündung dafür ist, dass ein bestimmter Erdenort zum Durchtrittsort für das Unsichtbare wird. Dieser Prometheus kann ein Zündholz sein, kann aber auch ein ‹Lichtträger›, wie das selbstentzündliche Phosphor (von griechisch ‹phosphoros› = lichttragend), sein.

Sichtbar und unsichtbar; diesseits und jenseits

Sowohl mit der Flamme als auch mit der Sonne ist etwas verbunden, das sich als unsichtbar erweist. An einer ausgelöschten Flamme kann deutlich werden, dass wir mit dem Entzünden der Flamme dieses Unsichtbare in die Sphäre der vorhergehenden Lichtabwesenheit einladen können, sodass es Anderes aufleuchten macht. Wir können es aber auch ausladen, indem wir die Kerze auslöschen. Es ist dann zugleich unsichtbar, nicht mehr wirksam und auch nicht mehr in dem Raum anwesend, in dem wir uns befinden. Es ist jenseits von Zeit und Raum. Es befindet sich im Jenseits (auf der Innenseite der Welt).

Wir müssen somit zwei verschiedene Arten der Unsichtbarkeit des Lichtes unterscheiden:

Fall a) Das Licht ist im Diesseits anwesend (so wie in der Himmelsnacht bzw. so wie im Umraum der brennenden Kerzenflamme bzw. schlicht bei Tag); es ist selbst unsichtbar und leuchtet an sinnlich Erfahrbarem auf.

Fall b) Das Licht hat sich ins Jenseits zurückgezogen; es ist unsichtbar und im Diesseits nicht mehr anwesend.

Besinnen wir vor diesem Hintergrund den Begriff ‹Durchtrittsort› noch einmal mit dem Blick auf unsere Wirklichkeitskonstitution. Wir haben ja feststellen können, dass sich Wirklichkeit durch uns hindurch realisiert. Wir haben dann auf der einen Seite die Welt des Sinnlichen und auf der anderen Seite die Welt der Ideenlichter. Im Kapitel über die Konstitution der Wirklichkeit konnte an verschiedenen Anschauungsbeispielen die Erfahrung gemacht werden, wie dieses Ideenlicht gestaltend in die Sinneswelt eingreift. Das Sinnliche wird da gewissermaßen zum Fokus, zu einem Sammelort für dieses Ideenlicht. Und das Ideenlicht seinerseits greift über in das Sinnliche.

Wie ist diese Situation nun bei Selbstleuchtendem, bei einem Durchtrittsort wie einer Kerzenflamme? Der Maler kann dort, wo er das Licht abbilden soll, nur Farben hinsetzen, also Sinnliches. Er muss dieses geschickt arrangieren, so dass wir meinen, Licht zu sehen. Zu den Farben muss sich also etwas hinzugesellen, das selbst nicht-sinnlicher Art ist, was wir dann ‹Licht› nennen.

So sehr wir auch am gemalten Flammenbild – wie etwa bei einem der Kerzen-bilder von Gerhard Richter – nicht die Farben, sondern Flamme sehen, so sehr sich mit dem sinnlichen Angebot also tatsächlich etwas Übersinnliches verbindet, so sehr leuchtet dieses Übersinnliche nicht in den Umraum des Bildes hinaus. Das Licht west an, aber leuchtet nicht.

Gerhard Richter: Kerze (1983; 95 cm x 90 cm)

Das ist nun allerdings im Verlaufe unserer bisherigen Betrachtungen ein neuer Fall (Fall c) von Anwesenheit: Licht ist anwesend, aber – wie es scheint – nicht im Diesseits. So sehr wir auch vor die Flamme des Bildes unsere Hand halten, unsere Hand wird nicht aufleuchten. Dennoch sehen wir Flamme und nicht Farben. Wie sollen wir nun sprechen? Sollen wir sagen: «Das Licht ist unsichtbar anwesend.»? Das stimmt; stimmt aber nicht so, wie im Umraum der tatsächlich brennenden Kerzenflamme. Bei dem gemalten Bild der Kerzenflamme ist Licht zwar anwesend, es greift sogar ins Sinnliche ein, aber offensichtlich nicht so weit, dass das Licht aus dem Bild in den sinnlichen Umraum hineinstrahlt. Bei einer echten Kerzenflamme sammelt sich am Ort der Flamme aus der Überfülle der Innenseite (von mir und der Welt) Licht. Licht tritt seiner selbst gemäß – nämlich leuchtend – im Sinnlichen auf. Es leuchtet heißt, dass es anderes ringsum sinnlich zur Erscheinung zu bringen vermag.

Die Flamme wird so betrachtet zu einem Sammelort, einem Fokus eines mit uns zutage tretenden allgemeinen Ideen-Lichtes, das seinen Inhalt darin hat, gleichsam in seinem Gefolge andere spezifische Ideenlichter im Sinnlichen zur Erscheinung kommen zu lassen. – Jede Flamme, jedes Selbstleuchtende trägt prometheischen Charakter.

Im Kapitel «Licht sehen oder schauen» werden wir uns weiter mit diesem Fall von Anwesenheit und Unsichtbarkeit auseinandersetzen. Denn es bleibt gewissermaßen noch immer ein Widerspruch in sich: Ist Licht nun sichtbar oder unsichtbar? Einerseits ist das durch eine Kerzenflamme im Umraum anwesende Licht ja unsichtbar und andererseits leuchtet es zur Sichtbarkeit am Sinnlichen auf!?!

Geburt: Dem Licht geneigt sein – oder sich dem Licht entziehen

Diese sinnliche Welt, derer es bedarf, damit sich Licht als anwesend erweisen kann, ist nicht mehr da, wenn etwas z.B. stirbt, mithin sich also dem Erscheinen am Licht entzieht. Nicht nur das Licht wird dann ‹unsichtbar›, sondern auch das ‹Etwas›. Mit der Geburt treten die ‹Dinge› wieder in die Bereitschaft, mit dem Licht der Sonne in Erscheinung zu treten – wie ein gegenseitiger Vertrag. Sollten wir also besser sagen: Geburt heißt, dass die ‹Dinge› (etwas) wieder bereit sind (ist), mit dem Licht der Sonne in Erscheinung zu treten? Geborene ‹Dinge› sind sichtbare Dinge, sind ‹Dinge›, die wieder in Sichtbarkeit treten wollen. Auch ein Stein wird in diesem Sinne geboren.

Es gibt also einen Seinszustand, der sich dem Erscheinen am Sonnenlicht geneigt zeigt; es gibt einen anderen, der sich diesem Erscheinen am Sonnenlicht entzieht.

Es gilt aber auch: Die sichtbare Welt ist nicht mehr da, wenn das Licht sie nicht zur Erscheinung bringt. So muss sich auch das Sonnenlicht geneigt zeigen, damit eine Geburt stattfinden kann; auch das Sonnenlicht seinerseits muss sich – aus dem Jenseits – wieder in die Welt des Sichtbaren begeben wollen.

Dann leuchtet das Licht im Diesseits! Der Satz aus dem vorhergehenden Abschnitt «Es leuchtet heißt, dass es anderes ringsum sinnlich zur Erscheinung zu bringen vermag.» kann nun so weitergeführt werden: Es leuchtet heißt: Es verhilft anderem zur Geburt.

Es bedarf einer unbedingten Kooperationsbereitschaft des Selbstleuchtenden, des Ideenlichtes (dessen, was zur Geburt kommt) und der sinnlichen Welt. Es bedarf einer Art Vertragsabschluss dieser Elemente, so dass schließlich die sichtbare Welt vor uns steht.[60]

Auch wir selbst treten in dieses Verhältnis von Werden und Vergehen: Auch wir treten mit der Geburt und dem Heranwachsen ins Sehen ein; auch unser Bewusstseinslicht im Sehen kann leuchten oder verlöschen; auch unser Auge ist so gesehen ein Durchtrittsort.

Man bemerke, dass wir mit dieser Thematik der Geburt, des Übertretens vom Jenseits ins Diesseits ‹Licht› ins ‹Leben› metamorphosiert haben. Licht ist Leben!

Die Höhle ist auch hier wieder ein Extrembeispiel: Sie ist ein Ort, der (zumindest für das Sehen) die Welt des Geborenwerdens ablehnt. Hier kommt für das sehende Auge nur die Schwärze zur Welt.

Die Zuneigung oder Zuwendung zum Licht als Bedingung des Erscheinens zeigt sich nicht nur im Bereich von Werden und Vergehen, sondern auch im Bereich von Aufscheinen und Abdunkeln. So etwa im morgendlichen Tagwerden: Solange die Sonne noch nicht frei über den Horizont getreten ist, ist ihr Licht zwar anwesend, selbst aber noch nicht in die Sichtbarkeit getreten. In diesem unsichtbaren Sonnenlicht zeigen sich leuchtende und schattende Erscheinungen. ‹Schattend› meint hier, dass solche Erscheinungen sich so verhalten wie tagsüber die ‹Dinge› im Schatten. Sie zeigen sich, leuchten aber nicht. Sie stehen mit der Sonne in einem schattenden Bezug (bzw. im Sehen schatten sie und leuchten nicht). Leuchtende Erscheinungen (nicht nur in dieser Morgenphase) sind z.B. der blaue Himmel, teils Wolken, der Mond, vielleicht Venus und Jupiter (später auch die Sonne selbst).[61]

Leuchtende Erscheinungen zeigen sich natürlicherweise am Himmel, oben; sie entziehen sich unserem Zugriff. Sie wirken luft- bzw. lichtartig in ihrer Konsistenz. Sie neigen sich dem Licht-Dasein zu.

Schattendes hingegen zeigt sich unten auf der Erde; es will greifbarer Gegenstand werden. Es will feste Konsistenz haben. Schattende Erscheinungen neigen sich dem ‹Stoff-Dasein› zu.

Leuchtende Erscheinungen neigen sich dem Licht (der Sonne) zu und lösen sich aus dem Stofflichen heraus. Schattende Erscheinungen neigen sich der Dunkelheit zu und verbinden sich mit der Erde.

Die schattenden Erscheinungen sind solche, weil sie sich der Dunkelheit zuneigen. Die leuchtenden sind solche, weil sie sich dem Licht zuneigen.[62]

Beide, leuchtende und schattende Erscheinungen, sind Erscheinungen an und mit dem Licht. Beide zeigen einen Bezug zur Sonne. Sobald etwas erscheint, steht es im Licht – gleich ob leuchtend oder schattend. Auch der Schatten bedarf des Lichtes, um zu erscheinen. Dies nicht (bloß) im Sinne des Schattenwurfes, sondern im Sinne dessen, dass auch er im Licht steht, er würde sonst nicht gesehen werden.[63]

Wie wir schon im Abschnitt «Schatten und Leuchten» sahen, gibt es die Sonne bejahende Erscheinungen – diese leuchten; und es gibt die Sonne verneinende Erscheinungen – diese schatten.

Sobald wir auf der Erde leben, wenn wir und die Welt also durch die Geburt gegangen sind, dann gibt es diese beiden Gesten: Leuchtendes und Schattendes, den Bezug zur Sonne bejahend und den Bezug zur Sonne verneinend. Im Schatten sind wir in einer Situation, die zwar eigentlich (von außen betrachtet) im Bezug zur Sonne steht, die aber in sich diesen Bezug verneint. An leuchtenden Stellen stehen wir in einer die Sonne bejahenden Situation, sowohl ihrer Beziehung als auch ihrem Gehalt nach. – Wir kommen hierauf nach der Exkursion «Die Geburt des Tages» wieder zurück.

Randbemerkung: Geburt und Metapher

«Doch schon seit Ps.-Dionysius und Eriugena ist es das Wesen der realen Dinge, die ‹göttliche Überwesentlichkeit›, das ‹Nichts› und die ‹Entziehung› Gottes anzuzeigen. Das geht so weit, dass für Eriugena jeder Stein oder Holzklotz zum erleuchtenden Licht werden kann. Oder, wie er es mit Ps.-Dionysius sagt: ‹Ist ja doch Alles, was gedacht und wahrgenommen wird, nichts Anderes als die Erscheinung des Nicht-Erscheinenden, das Offenbarwerden des Verborgenen, die Bejahung des Verneinten, [...] der Ausdruck des Unsagbaren [...], der Körper des Unkörperlichen.›

Das will sagen: im Licht, das Gott ist, teilt er sich mit als Nicht-Licht, als ‹Finsternis›. Darum ist alles Geschaffene notwendig ‹seiende Metapher›.»

Aus: Hartmut Böhme: Das Licht als Medium der Kunst. Über Erfahrungsarmut und ästhetisches Gegenlicht in der technischen Zivilisation. Antrittsvorlesung an der Humboldt-Universität zu Berlin am 2. November 1994. Band 66 von Universität Berlin, Humboldt-Universität: Öffentliche Vorlesungen.

Exkurs(ion): Die Geburt des Tages

Jeden Morgen vollzieht sich eine Geburt: Welt kommt zur Erscheinung. Dass dies ein Wunder ist (und welches!), das lässt sich textlich kaum fassen. Man muss es doch einmal selbst erleben. Daher können folgend nur Blicklenker geschildert und Zusammenhänge vorgedacht werden, die für eine eigene, dadurch hoffentlich erfolgreiche Morgenexkursion, hilfreich sein mögen.

Man gehe noch in der dunklen Nacht hinaus, möglichst an einen Ort, der nicht allzu sehr von Zivilisationsbeleuchtung umgeben ist. An diesem Ort verbleibe man für zirka eineinhalb bis zwei Stunden und verfolge – wach und aufmerksam beobachtend – das Tagwerden. Ein klarer Himmel, weitere Morgenbeobachtende und warme Kleidung helfen, das ungewohnte Abenteuer zu einem Vergnügen der Vernunft werden zu lassen. Als ausgesprochen intensivierend hat sich dabei der regelmäßige Wechsel zwischen Phasen der Beobachtung mit offenen Augen und solchen mit geschlossenen Augen, in denen man sich aktiv in die Hörwelt einzuleben versucht, erwiesen.

Und – das mag zunächst ungewohnt erscheinen: Stets möge man sich gegenseitig die Beobachtungen schildern. Dabei braucht man um die ersehnten Phasen des Schweigens und der Stille nicht besorgt sein. Diese stellen sich meist von allein ein.

Kurzweile und die Intensität des Beobachtens werden gleichzeitig gefördert, wenn man sich in den Phasen der offenen Augen immer wieder paarweise zusammenstellt, um die Farben der Kleidung des Gegenübers zu prognostizieren (dieses seinerseits sollte tunlichst vermeiden, die Tagesfarbe seiner Kleidung preiszugeben). Auch dieses ‹Spiel› möge man durchaus ausgiebig und wiederholt durchführen, es lohnt sich, wie sich später zeigen wird.

Doch steigen wir endlich in die Dunkelheit der nächtlichen Frühe ...

Kosmische Sternen-Heimat in der Nacht

In der Nacht dominiert der Sternenhimmel. Man sieht kleine Licht-punkte – die wir Sterne nennen – und deren übersinnliche Beziehungen zueinander: Ein Minimum an sinnlicher Erscheinung, aktiv funkelnd, und übersinnliche Fäden zwischen den Glitzer-Punkten. Der Gesamt-anblick des Sternenhimmels schenkt einem das Erlebnis von Ordnung, von Schönheit, von Glanz – alles ist in die Ganzheit der einenden Himmelskuppel aufgehoben. Ordnung, Schönheit, Glanz – das sind drei Bedeutungen des Wortes ‹Kosmos›. Im nächtlichen Anblick des Sternen-himmels haben wir das Erlebnis ‹Kosmos›.

Schaut man um sich in die Erden-Nacht hinein, so bietet der Erden-Um-kreis noch keinen Halt, keine Sicherheit. Man hat nicht das Gefühl von Orientierung, von Ordnung.

Im Gegenteil sogar: Man findet hier unten nur Schwärze – eine Schwärze, die uns in sich hineinziehen will, ein saugender Hohlraum –, ein Nicht-sein, wie ein Loch in der Erscheinungswelt. Schnell wendet sich der Blick wieder zum ‹Kosmos›. Hier findet man Geborgenheit, Heimat – im Blick zum Himmels-Sternen-Zelt.

Gespenster

Dieser romantische Rückzug zum Sternenfunkeln über uns droht, uns von unserem Abenteuer, von unserer Beobachtungsherausforderung ab-zuziehen. Wir hatten uns vorgenommen, wach zu verfolgen, was es heißt, dass jeden Morgen die Sonne aufgeht! Schauen wir mutigen Auges in die nächtliche Welt um uns herum. Nehmen wir beispielsweise unsere Mit-abenteurer: Wie erscheinen sie gerade? Nur allzu schnell will man inner-lich dieser Anforderung ausweichen: «Was soll man da schon sehen? Man sieht ja doch nichts!»

Der Ausweg aus dieser Sackgasse ist eine Haltungsänderung. Statt zu sagen: «Ich sehe nichts, es ist ja dunkel!», gilt es zu fragen: «Ich sehe etwas, das dunkel erscheint, anders als am Tage! Wie sieht dieses dunkle Erscheinen aus?». Eine solche Haltung macht fähig, an dem Wunder des Tagwerdens teilzuhaben.

Also: Wie erscheinen meine Begleiter? Grau ... schattig ... schattenhaft, undifferenziert, irgendwie nicht wirklich körperlich. Blickt man auf den Torso- oder Gesichtsbereich, sieht man ein fortwährendes Flimmern, vergleichbar dem einstmaligen Fernsehbildschirm-Rauschen nach Sendeschluss um Mitternacht. Versucht man, sich die dergestaltige Erscheinung des anderen Menschen in ein Tastgefühl zu übersetzen, dann würde man wohl eher – und zwar etwas erstaunt – in eine ungreifbare Wolke fassen, als an einen betastbaren Körper anzustoßen.

Dort, wo einem tagsüber das Antlitz des Mitmenschen entgegenstrahlt, ist jetzt nur ein grauer, schummerig-flimmernder Fleck zu sehen, der je nachdem evtl. schon Andeutungen von hervortretenden und sich eher einwölbenden Bereichen aufweist. Kaum aber meint man diese fassen zu können, da entziehen sie sich auch schon wieder einem solchen Zugriff.

Das gilt im Übrigen für alle ‹Gegenstände› in dieser noch nächtlichen Phase des Morgenanhubs. Sie lassen sich einfach nicht festlegen. Nicht nur, dass sie für unsere Fantasie offen sind für Vieldeutigkeiten, sondern auch dass sie dem Sehen tatsächlich immer nur flüchtige Anflüge zeigen, die nicht in eine klar umrissene Form gerinnen wollen. Von Konturen kann noch nicht wirklich die Rede sein. – Aber zurück zum Kreis der Beobachtenden: Der oder die andere erscheint uns also gleichsam gesichtslos, als grauflimmernde Wolke, wohl aber mit einer klar identifizierbaren und sicheren Stimme.

Schauen wir zusätzlich abwärts an uns herunter auf die Schuhe, insbesondere auf unsere eigenen, so sind gerade diese – gegen alle Erwartung – einfach nicht zu sehen, obwohl gerade diese uns doch so nah zu sein scheinen. Kurz: Wir erscheinen uns als fußlose, nicht geerdete, ungreifbare, flimmernde, gesichtslose, sprechende Schattenwolken. – Bessere Gespenster kann man sich kaum vorstellen.

Dass dies nun bei Weitem nicht ‹gesponnen› ist, zeigt sich in dem Moment, in dem sich jemand aus dem Gruppenverband der Morgenbeobachtenden herauslöst und entfernt. Ja, tatsächlich, er ‹entfernt› sich, er löst sich einfach im allgemeinen Grau der Nachtwelt auf, entschwindet, ist nicht mehr sichtbar! Das geht, je nach Dunkelheitsgrad, verblüffend schnell. Kurz vor der Auflösung ist nicht mehr unterscheidbar, ob dieses ‹Gespenst› auf uns zukommt oder ob es sich von uns entfernt. Seine Bewegungen werden eigenartig schwankend. Das tagsüber so sicher erscheinende Vorwärtsbewegen auf zwei Beinen wird nun zu einem wankelnden Wackeln einer schemenhaften Gestalt. Die Bewegungen wirken ruckartig, diskontinuierlich. Seine Füße und sein Kopf verschwinden als erstes. – Richtung, Ordnung im Raum und kontinuierliche, fließende, lebendige Bewegungen fehlen noch. Es wirkt wie ein Huschen von selbstständig gewordenen Schatten.

Dieses (immer wieder so überraschende) Verschwinden einer Menschengestalt im allgemeinen Nacht- oder Dämmerungsgrau gehört mit zu den nachhaltigsten sinnlichen Eindrücken im Beobachten des Tagwerdens aus der Nacht heraus.

Heimatlosigkeit zwischen Nacht und Tag

Nach und nach, aber unaufhaltsam, zieht sich der Sternenhimmel zurück. – Das ist ein bedeutender Schritt: Der Kosmos zieht sich zurück, lässt uns allein auf der Erde.

In diesem Moment kann es passieren, dass einen nichts mehr trägt, denn weder der Sternenhimmel noch die dämmernde Erde bieten Geborgenheit, Heimat. Eine große Verunsicherung kann auftreten. Vor allem dann, wenn sich die Dinge schon zu zeigen beginnen, die Welt sich aber insgesamt noch grau, trist – tatsächlich farblos zeigt.

Manchem drängt dann die Frage hoch: «Wird es je wieder Tag, wird die Welt je wieder farbig werden?» Bevor irgendwelche Farben kommen, erscheint die Welt in einem nebelartigen, vagen, einheitlichen, luftig-bewegten Grauen des Morgens. Eine zwielichtige Situation.

Dämmern – aus dem Umkreis in Erscheinung treten

Umso mehr ist man jetzt für jedes verheißungsvolle Zeichen dankbar: «Da, sehe ich da nicht etwas wie Farbe am Himmel?» Wir befinden uns am Übergang von einer zu sehenden und zu bemerkenden Noch-Nicht-Farbigkeit (man kann das, was man da sieht, einfach nicht farbig nennen) zu einer ‹echten› Farbigkeit der Welt. Dabei gibt es oft nicht mehr unterscheidbare Übergangsstadien zwischen innerer Farbphantasie und einem ‹echten› sinnlichen Erscheinen. Dann aber ist es deutlich: Auch wenn die Farben dem fokussierenden Blick immer wieder entgleiten wollen, so weiß der ahnende Umkreisblick doch schon von atmosphärischen Farben am Himmelshorizont. – Am Himmel also die ersten Farben!

Und in diesem Moment passiert Weiteres: «War da nicht etwas? Habe ich da nicht etwas gehört?» Von Weitem, zuerst noch ahnungsweise – vielleicht, einige ferne Vogelstimmen.

Zunehmend baut sich ein Vogelstimmendom um uns herum auf, der wellenartig heranbrandet, immer dichter wird, und nun eine neue Geborgenheit schenkt, einen neuen Aufenthaltsraum für die Seele. – Nach dem Sternenglitzern flüchtige Farben am Himmel begleitet vom Vogelstimmenglitzern aus dem fernen Umkreis. Wie ein Nachklang des nächtlichen Sternenhimmels.

Vom Gräuen zum Farbigwerden

Jetzt trennt sich auch das Gräuen, und hervor treten Helligkeit und Dunkelheit. Die Nachtschwärze verdichtet sich, fällt auf die Erde herunter – im Kontrast zum aufhellenden, langsam aufleuchtenden Horizont. Und mit der Schwärze fällt – erst jetzt – auch ungemütliche Morgenkälte herab, die auf den Grashalmen und Autoscheiben je nach Jahreszeit Raureif oder Morgentau niederschlagen lässt.

Damit beginnen auch die ersten Farben auf der Erde zu erscheinen: zuerst die Glanzfarben (Blau, Rot, Gelb); meist zuletzt das Grün, das Grün der Welt, der Landschaft.

In dieser Phase leuchten die Farben fluoreszenzartig auf. Sie sind noch an keine Formen gebunden. Nimmt man jetzt einen farbigen Becher in die Hand, dann nimmt man weder dessen Form, noch den Becher als Gegenstand wahr, sondern man erfasst eine Art farbige Wolke. Auch das Überfließen der Farben über den Rand der Blütenkelche (z.B. von Rose, Tulpe und Nachtkerze) gehört in diese Phase des Tagwerdens.

Wachsfiguren

Unverkennbar hat sich derweil auch die Erscheinung der ‹Gespenster› verwandelt. Auch sie tragen derweil farbige Kleidung, ja mittlerweile weisen sie sogar Gesichter auf, ganz persönliche, – nun allzumeist – freudig strahlende Antlitze. Das war zuvor lange Zeit nicht so. Nur ganz allmählich zeichneten sich in den schattenhaften Einwölbungen der düsteren Gesichtsregionen so etwas wie Augen ab, nur nach und nach begann auch das Augenweiß aufzuleuchten. Und jetzt, jetzt blicken die Augen sogar – und wie gesagt: meist freundlich dankbar lächelnd; sagen wir ruhig: innig leuchtend.

Lange Zeit wollte auch die Gesichtsfarbe nicht hervorkommen, lange schien die Haut eher weißlich, leichenblass. Jetzt aber, bevor es wirklich ganz und gar Tag ist, jetzt erscheint die Gesichtshaut auf eine ganz eigenartige Weise. Zwar weist sie nun wieder einen Teint auf, sogar meist einen sehr schönen, seidig-gleichmäßigen Teint, aber die – vorgestellte – Haptik der Haut erscheint ... wachsartig. Wie Wachsfiguren stehen wir voreinander – oder wie kurz vorm Lebendigwerden, ob als frisch Verstorbener oder gerade Neugeborener.

Neue Heimat – taufrische Erdenordnung

Dann endlich kommen auch die Formen, nachdem wir auch hier eine Übergangsphase zwischen einer formlosen Wolkigkeit und einer stabilen Formanwesenheit durchgemacht haben. Die Farbe eines Bechers zieht sich wieder auf dessen Form zurück. Alles wirkt nun taufrisch, quellfrisch in Erscheinung getreten, wie frisch gewaschen – wie doch die Kleidungsstücke jetzt leuchten, als seien sie erst vor Kurzem neu erworben!

Blicken wir an uns selbst herunter: Siehe da, da sind ja auch unsere Schuhe wieder ganz und gar, samt Schnürriemen und Sohlen, zu sehen! Wir stehen wieder auf der Erde! Und, das ist ein Gesetz: Sobald wir unsere Schuhe wieder sehen, tritt auch das Räumliche auf: In der Landschaft sieht man die horizontbezogene Weite, die Welt ist begehbar geworden!

Die Welt und wir sind da, der Kosmos und wir sind zur Erde gekommen. Unsere Gliedmaßen und Sinne finden nun Sicherheit, eine neue Überzeugung, eine neue Ordnung. Wir kommen im Hier und Jetzt an.

Fassen wir kurz zusammen: Anfangs am Himmel ein Minimum an Sinnlichem: kleine Lichtpunkte, zusammengehalten durch eine übersinnliche Ordnung; jeder gegenständlichen Fassbarkeit entzogen. Dann, wie ein verwandelter Nachklang des Sternenglitzerns, der Vogelgesang, der sich vom Umkreis her allmählich zu einem zweiten Himmelsdom über und um uns herum aufbaut. Ein zweites Mal begegnet uns damit Ordnung, Schönheit, Glanz: Kosmos. Und dieser neue Kosmos ist nun schon deutlich weiter herabgesenkt: Der Sternenhimmel ist weit über unserem Haupt angesiedelt; der Vogelgesang erscheint auf der Höhe von Kopf und Brust. Mit dem Erscheinen der Farben wird dann vollends das Gemüt angesprochen. Und schließlich rückt der Kosmos noch eine Stufe herab, um im Erscheinen von Form und Raum dem Gliedmaßenpol zu entsprechen. Welt erscheint nun räumlich maximal ausgebreitet, vielfältig, dinglich, sinnesreich, begreif- und ergehbar. Der Kosmos ist auf die Erde gekommen. Welch großartige Verwandlung, die an jedem Morgen mit der Welt stattfindet!

Und während alledem inkarnieren auch wir uns als Mensch: Wir stehen senkrecht auf der horizontal sich ausbreitenden Erde.

Individualisiert

Solange die Sonne noch nicht am Horizont erschienen ist (wohl aber der Himmel schon hellt), erfreut sich jeder und jedes seines individuellen Daseins. Alles erscheint für sich, schön, aufleuchtend, frei, staunend, wundernd – ohne Schattenseiten. Fast ein naiver Zustand, und doch das Schönheits- und Größen-Moment des Freiwerdens sinnlich zur Schau stellend.

Um diesen Zustand vollends zu erfassen, sei auf die Abenddämmerung verwiesen. Auch hier: Sobald die Sonne untergegangen ist, leuchten die Farben noch einmal auf, die Dinge der Welt erhalten ihre eigene Schönheit (dieses Mal wie noch von der Sonne beschenkt und zugleich von ihr in die Freiheit entlassen). Die irdische Welt kommt zu sich. Im Jahreslauf dasselbe: Wie sehr zieht uns doch die Sommersonne in ihren Bann, zieht uns über uns hinaus in die bunte Erdenwelt. Wie wohltuend dann der Herbst des Zu-sich-Kommens, wie konsolidierend dann der Winter der selbstbesinnenden Einkehr.

Doch zurück zum Morgenverlauf, denn die Phase der individuellen Freiheit währt nicht ewig.

Zentriert

Geht man wie dargestellt mit dem Morgen mit, bleibt noch lange eine ungewohnte Lebendigkeit, Erquickung der Sinneserscheinungen erhalten. Die Seele und ihre Sinne geben sich nicht so schnell der Ernüchterung hin, der Abstumpfung durch das Alltagsgeschäft. Und das ist gut so, denn nun braucht es noch ein wenig Geduld, um auf den Höhepunkt des Morgens zu warten.

Zwar ist die Welt schon da, ist schon in Erscheinung getreten. Das ist ja in der Erdennacht offenbar nicht der Fall. Was kommt am Tage hinzu, dass dann die Welt in Erscheinung tritt? Offenbar ist etwas präsent, anwesend – im Gegensatz zur Erdennacht, wie gesagt –, was die Welt in Erscheinung bringt, – und das nennen wir Licht. Licht bringt in Erscheinung – tritt aber selbst nicht hervor. Tritt man in die Welt der Erscheinung, so tritt man zugleich in einen übersinnlichen, unsichtbaren Raum des Lichtes! – Jeden Tag von Neuem!

Endlich steigt auch die Sonne überm Horizont empor! Und mit ihr wird die ganze Welt der Erscheinungen erneut emporgehoben, nach ihrem ‹Fall› in die räumliche Gegenstandswelt des Tages. Und eigentlich läuft die ganze Entwicklung auf diesen Moment hinaus: Mit der Sonne tritt etwas am Himmel auf, das nicht beleuchtet ist, sondern selbst leuchtet, das selbst nicht beschienen wird, aber alles andere bescheint!

Ohne es bewusst zu bemerken, tritt eine neue Ordnung auf: die zentrale Bezogenheit zur Sonne. Alles erfährt eine Hinorientierung zur Sonne – in Licht und Schatten; und: Was sich zur Sonne neigt, das glänzt. Die Welt erhält einen ‹Schönheitsglanz›. Und das ist weit mehr als nur helle Flecken, die auf den Blättern erscheinen. Auch diese weisen über sich hinaus auf die Sonne, wandeln sich erst in diesem – von uns mitge‹sehenen› – Bezug vom bloßen Weiß zum Tagesglanz.

Wir leben in der Stimmung des Glanzes, in der Glorie. Erhobenheit, Heiterkeit, Goldstimmung durchweht die Welt. Die Sonne strahlt, die Seele lacht. Wir stehen in einem Raum, der durch und durch von Sonne und Licht kündet. Ein Raum voll Ordnung, Schönheit, Glanz. – Das ist der Höhepunkt des Morgens.

Nochmals: Welch ein Wunder spielt sich hier vor den eigenen Augen, nein besser: mit dem eigenen Sehen ab! Man selbst macht ja nichts, außer aufmerksam zu sein. Man steht – überspitzt gesagt – einfach herum und es geschieht um einen herum. Es geschehen Wunder über Wunder. Die sinnliche Erscheinung wirkt mit einem Mal wie geputzt, taufrisch, und die Welt, der Kosmos verwandelt sich von selbst von einem Sternen- zu einem Erdensein, von der Nacht zum Tag.

Randbemerkung: Tag und Nacht

«Das Licht im Dunkel bringt rein räumliches Dasein zur Sichtbarkeit. [...] Wenn sich der Tag mit der Abenddämmerung von der Erde zurückzieht, verlieren sich im Bild der Landschaft die Einzelheiten. Am westlichen Horizont spielt sich noch ein großartiges Schauspiel ab. Dieses wird aber nicht mehr als vordringliche Fragestellung empfunden. Licht beleuchtet nicht mehr, es leuchtet, es setzt sich nun ganz allgemein mit der aufkommenden Dunkelheit auseinander. [...]

Noch treffender die Spannung zwischen dem ersten Licht der Morgendämmerung über dem Horizont und der tiefen Dunkelheit unter diesem, welche gerade dann die Erde, insbesondere ihre Täler überzieht. [...]

Sowohl die Fülle der Wahrnehmungen, wie auch die Klarheit der Gedanken sind *licht*. Sinneswahrnehmungen mit Gedanken zu durchdringen ist genau genommen die Aufgabe unseres wachen Bewusstseins. In ihm verbinden sich die Aufmerksamkeit auf die Fülle und die Klarheit der gegenseitigen unkörperlichen Bezüge. Licht bringt beides: Die Dinge erscheinen dank der Beleuchtung, durch welche sie sich zusammenschließen, zum Bild der Landschaft.

Wohin zieht sich mit dem aufkommenden Tag die Dunkelheit zurück? Eine mögliche Vorstellung ist diese: Sie sinkt in die Täler, in die Spalten, in die Höhlen. Vom Inneren aller undurchsichtigen Körper, insbesondere der Erde selbst, bleibt der Tag fern. Auch den eigenen Leib erleben wir in diesem Sinne als Rückzugsgebiet der Nacht. Aus ihm treten vielerlei Wirkungen ans Tageslicht, die von Prozessen abseits des Tagesbewusstseins herrühren. Insbesondere der Stoffwechsel und der mit diesem verbundene Wille bilden in uns eine dunkle bleibende Region.»

Aus: Georg Maier: Optik der Bilder. Dürnau 1986, S. 103.

«Und will ich irgendwo von einem isolierten Licht sprechen, so kann ich davon gar nicht so sprechen, dass ich irgendetwas in der Theorie auf dieses isolierte Licht beziehe, sondern ich muss so sprechen, dass ich mein Gesprochenes zugleich auf das, was angrenzt, beziehe. [...]
So wenig es nur einerlei Helligkeit gibt, ebenso wenig gibt es nur einerlei Dunkelheit. [...]
Man kann also gegenüberstehen dem lichterfüllten Raum und kann ihn nennen qualitativ positiv; man kann gegenüberstehen dem dunkelheiterfüllten Raum und kann ihn qualitativ negativ mit Bezug auf die Lichtverhältnisse finden. [...] Dieses positive Erfülltsein des Raumes, wir brauchen uns nur zu erinnern, wie es ist, wenn wir aufwachen, von Licht umgeben sind, unser subjektives Erleben vereinigen demjenigen, was uns als Licht umflutet, wir brauchen diese Empfindung nur zu vergleichen mit demjenigen, was wir empfinden, wenn wir von Dunkelheit umgeben sind, und wir werden finden – ich bitte das jetzt sehr genau ins Auge beziehungsweise in den Verstand zu fassen –, wir werden uns klar werden müssen, dass rein für die Empfindung ein Unterschied besteht in dem Hingegebensein an den lichterfüllten Raum und in dem Hingegebensein an den dunkelheiterfüllten Raum. [...]
Sehen Sie, man kann vergleichen jene Empfindung, die man hat, wenn man sich mit dem lichterfüllten Raum

zusammenfindet, man kann das vergleichen mit einer Art Einsaugen des Lichtes durch unser seelisches Wesen. Wir empfinden ja eine Bereicherung, wenn wir im lichterfüllten Raum sind. Es ist ein Einsaugen des Lichtes. Wie ist es denn mit der Dunkelheit? Das ist genau die entgegengesetzte Empfindung. Die Dunkelheit saugt an uns, die saugt uns aus, der müssen wir uns hingeben, an die müssen wir etwas abgeben. So dass wir sagen können: Die Wirkung des Lichtes auf uns ist eine mitteilende, die Wirkung der Dunkelheit auf uns ist eigentlich eine saugende.»

Aus: Rudolf Steiner: Geisteswissenschaftliche Impulse zur Entwicklung der Physik. Erster naturwissenschaftlicher Kurs. Licht, Farbe, Ton – Masse, Elektrizität, Magnetismus (GA 320), Vortrag vom 29. Dezember 1919.

Exkurs: Licht und Raum

Die morgendliche Beobachtung der Geburt des Tages macht überzeugend erfahrbar, wie mit dem Hellwerden mehr und mehr auch die Körperlichkeit und der Raum in die sinnliche Welt eintreten.

Schaut man tagsüber mit der Sonne im Rücken in die Welt, so zeigt diese sich in einer optimalen räumlichen Staffelung. Quer zur Sonne geschaut zeigen die Dinge ihre maximale Körperlichkeit, und gegen die Sonne geschaut, drohen die Dinge in eine schwarze Schattenhaftigkeit zu verfallen. Flog eben noch die schwarz-gelbe, runde Kohlmeise an mir vorüber, so wird sie auf dem Zweig in der Blickrichtung gegen die Sonne zu einer schwarzen Bestimmungsbuch-Silhouette.[64] Licht raumt und Schattendinge führen ein Schattendasein, sie sind flächig. Schatten verneinen das Licht und den Raum. Je mehr ‹Dinge› den Raum ausfüllen, desto weniger Raum und Licht ist vorhanden, desto mehr nimmt die Schatten- und Stoffseite überhand.

Wie eng das Licht mit dem Raum verbunden ist, soll durch ein Zitat von Hartmut Böhme verdeutlicht werden.

«Etymologisch ist der Raum ‹Lichtung›. [...] Licht nämlich ist ein Raumbildner, der Raumbildner schlechthin. Licht ist ferner ein Medium, Medium der Wahrnehmung (noch bevor es zum Medium der Darstellung wird). Darum besteht der Ausdruck Lichtraum zurecht. Er will sagen, dass erst im Licht der Raum zu tagen beginnt. Raum ist zuerst Lichtung.

In Lichträumen wohnen wir Prozessen der Raumwerdung bei. Das Tagen des Raumes ist dabei ein Tagen, das im Betrachter selbst stattfindet: die Lichtung ist ein Vorgang der Perzeption, worin man, wie es Goethe sagte, die Taten des Lichtes bemerken, beobachten, spüren lernen kann: also etwas begreifen von dem, im Alltag zumeist unauffälligen oder vergessenen Zusammenhang von Licht, Raum und Wahrnehmung. [...] Das zarte Aufdämmern des ersten Lichts am Morgen lässt immer neu die Welt erscheinen: licht werden. [...] Das Licht ist der Grund alles Erscheinenden. Was immer auch erscheint, tut dies nur, weil es ‹zu Tage tritt›. Das Dunkel aber ist nicht nichts, sondern die Macht der Nacht.»[65]

So sehr wir durch das Licht auch Raum erleben, so sehr ist dies doch eine unmittelbare, abstandslose Erfahrung mit und im Sehen des Ich-bewussten Auges. Wie das? Was ist mit diesem Widerspruch gemeint?

Wie bereits mehrfach reflektiert, ist das Sehen nichts ohne das Licht und das Licht nichts ohne das Sehen. Das Licht rückt gleichsam unmittelbar, abstandslos ins sehende Auge hinein. Wenn es also raumt, so ist dies einmal mehr ein Realbild für eine seelisch-geistige Situation, in der wir uns befinden: *Licht schafft Abstand zwischen mir und den mich umgebenden Wesen. Es schafft Freiheit und die Luft des Dazwischen. Ich darf durch das Licht für die seelisch-geistige Welt um mich herum erwachen – andernfalls wäre ich allzu sehr, also abstandslos, mit ihr verbunden. Licht befreit aus der schlafenden Einheit mit der Welt und schafft damit die Bedingung zur Erkenntnis der Welt.*

Allerdings hat der Maler, ebenso wenig wie er für das Licht einen Zauberpinsel in seinem Farbkasten hat, einen magischen Pinsel für Luft. Dennoch sehen wir allenthalben auf den Gemälden der großen Meister Luft.

Luft lässt Freiraum zwischen den Dingen, also auch zwischen mir und etwas anderem. Das reine Sehen aber gewährt diesen Freiraum nicht. Für die reine Sehwahrnehmung gelten nur Farben; und nirgends findet sich auf der Leinwand eines Landschaftsgemäldes eine Lücke ohne Farbe. Überall ist etwas zu sehen, es gibt keine Lücke, weder zwischen den Farben, noch zwischen mir und dem Bild.

Es ist sogar ein Widerspruch in sich: Der Maler muss überall auf seiner Leinwand etwas malen, um ein abstands- oder raumgemäßes Gemälde der Welt vor seinen Augen zu schaffen!

Auch der Nebel ist für das Sehen kein Phänomen des Abstandes. Um Nebel zu malen, muss dort, wo der Nebel dem Sehen erscheinen soll, eine blassere, aufgehelltere Farbe gesetzt werden als dort, wo kein Nebel zu sehen sein soll.

Gerade indem man sich also auf das reine Sehen (des Malers (übend)) beschränkt, kann man aufmerksam werden für all das, was als Übersinnliches in das Sehen eingreift und es gestaltet: vom Licht über den Raum zu Luft und Nebel.

Um diesen Exkurs mit einem weiteren Wunder abzuschließen: Das reine Sehen lässt nirgends Abstand, so sagten wir. Licht, Raum und Luft mischen sich als Übersinnliches in das Sehen ein. In dieser lichtdurchfluteten Luft des Raumes fliegt der Vogel. Worin bewegt er sich da eigentlich? –!

Exkurs: Lichtmess[66]

Das täglich auftretende Sonnenlicht bringt den Kosmos zur Erde – jeden Tag. Der Kosmos erscheint in seiner vollen Sinnlichkeit. Laufend flutet mit dem Sonnenlicht Kosmisches auf die Erde. Im Laufe des Jahres geschieht das offenbar stufenweise: Bis Johanni nimmt die Lichtintensität Monat für Monat zu, um dann bis Weihnachten wieder abzunehmen.

Erst der Begriff wirft ein Licht auf die Wahrnehmung. Dann erst gestaltet sie sich aus, und zeitgleich weiß ich, womit ich es zu tun habe (siehe Exkurs: Wie ist unsere Wirklichkeit konstituiert?). Ein Übersinnliches, Geistiges (was wir philosophisch Begriff nennen) greift als Licht gestaltend in die Wahrnehmungswelt ein. Keine Wirklichkeit ohne dieses Licht. Sehe ich etwas, dann ist immer auch ein solches, bestimmendes, gerade diese Erscheinung wollendes Licht anwesend. Ich sehe die Idee, den Begriff mit Augen (siehe Kapitel «Licht sehen oder schauen»).

Sehe ich etwas, dann ist die Sonne aufgegangen. Im Tagwerden aus der Nacht finden sich Farben zuerst am horizontnahen Himmel. Allmählich erobern sie auch die irdische Welt um uns herum und kommen schließlich bei uns, an unseren Kleidern, und erst zuletzt in unserem Gesicht an. Oft leuchten die Farben noch eine Zeit lang über die Form hinaus, sind noch nicht an diese gebunden. Genauer gesagt: Die Formen sind oft noch gar nicht da. Mit dem Zurückziehen der Farbe auf die sich schließlich doch einstellenden Formen, mit dem Sich-Binden der Farbe an die Form ist es Tag geworden.

«Wenn wir sehen, wie aus dem Dämmergrau des anbrechenden Tages die ersten zarten Farbentöne der aufgehenden Sonne heraufsteigen, wie sie die Spitzen der Schneeberge in Purpurglut tauchen, und unser Auge allmählich geblendet wird durch das immer glanzvoller und glanzvoller werdende Schauspiel, wie dann die Strahlen immer mehr Farbtöne hervorzaubern, die gleichsam von allen Seiten herzu strömen und immer umfangreicher werden, bis die Sonne endlich in ihrer ganzen lodernden Pracht, lebenweckend, wärmespendend ihre Strahlen bis in die tiefsten Täler niedersendet, dann erblicken wir in diesem majestätischen Naturereignis nichts anderes als geistige Kräfte, die hier zusammenfließen. Und diese Kräfte sind diejenigen Wesenheiten, die wir in den Hierarchien kennengelernt haben als Exusiai oder Gewalten oder Geister der Form. Im Urtext [des Markusevangeliums] heißt es: Er lehrte wie die Exusiai. Christus hatte die Gewalten zur Verfügung, er sprach durch sie, in der Form der Gewalten. [...] durch Christus sprachen die Kräfte der Gewalten, die so, wie es geschildert wurde, in den Naturereignissen sprechen. Also die Kräfte waren es, die den Leib des Christus durchglühten, die ließen ihn predigen ‹gewaltiglich›.»[67]

«Und die in diesem Äther webenden Sonnenkräfte: die sind da nicht bloß strahlend, die zaubern Welten-Urbilder aus dem Lichte heraus. Die Sonne erscheint als der kosmische Weltenmaler.»[68]

Es gibt einen Licht-Sprung im Morgengrauen. Es ist Tag, nicht mehr Nacht. Dann flutet das Licht in die Welt. Es gibt einen Licht-Sprung im Jahresanbruch – oft zu Lichtmess. Die Tagseite des Jahres hat begonnen. Mit der aufsteigenden Sonne nimmt die Welt Gestalt an, sie erscheint in Form und Farbe vielgestaltiger. Das Licht der Sonne lässt unsere Weltsicht differenzierter erscheinen. Die ganze Welt zeigt sich voller Begriffslichter. Das Sonnenlicht tönt voll und übervoll vor Inhalt.

Wir sehen eine differenzierte, vielgestaltige Welt – und erleben, erfühlen diese Situation als Licht! Licht ist ein Erlebnis unserer Seele an der sinnlichen Erscheinung der Welt.

Was die Seele dabei erlebt, ist ein Stehen in einer geistigen Wesenswelt. Licht ist ein sinnlich-sittliches Erlebnis! Ein Erlebnis mit einer Fülle verschiedenster Qualitäten: Klarheit, Erhellung, Wachheit, Überwachheit, Weitung und Fokussierung, Auflösung und Gerichtetsein. Die Erlebnisse können sich zu staunender Euphorie und religiöser Andacht steigern.

Man fühlt sich dankbar durch und durch durchdrungen von weltbejahenden Wesen. Die Wesenswelt des Lichtes lässt mich erwachen und zeigt mir ihre Schöpfung, lässt mich mit ihrem Licht am Weltgeschehen teilhaben.

Keine Rede von einem gegenstandsgleichen Licht da draußen, keine Rede von atomistischer Mechanik, keine von Elektrizität. Licht ist voll von Wesen und wir stehen – davon angefüllt, durchtränkt – im Licht, sobald die Sonne aufgeht. Lichtmess.

Randbemerkung: Gedanken sind Licht

«Der Mensch hat am äußeren Lichte ein gewisses Erlebnis. Dasselbe Erlebnis, das der Mensch durch die sinnliche Anschauung des Lichtes in der äußeren Welt hat, hat er gegenüber dem Gedankenelemente des Hauptes für die Imagination. So dass man sagen kann: Das Gedankenelement, objektiv geschaut, wird als Licht geschaut, besser gesagt, als Licht erlebt. [...]

Wir haben das Licht in uns; nur erscheint es uns da nicht als Licht, weil wir darinnen leben, und weil, indem wir uns des Lichtes bedienen, indem wir das Licht haben, es in uns zum Gedanken wird. – Sie bemächtigen sich gewissermaßen des Lichtes; das Licht, das Ihnen sonst draußen erscheint, das nehmen Sie in sich auf. Sie differenzieren es in sich. Sie arbeiten in ihm. Das ist eben Ihr Denken, das ist ein Handeln im Lichte. Sie sind ein Lichtwesen. Sie wissen nicht, dass Sie ein Lichtwesen sind, weil Sie im Lichte drinnen leben. Aber Ihr Denken, das Sie entfalten, das ist das Leben im Lichte. Und wenn Sie das Denken von außen anschauen, dann sehen Sie durchaus Licht.

Denken Sie sich nun das Weltenall. Sie sehen es – bei Tag natürlich – vom Lichte durchströmt, aber stellen Sie sich vor, Sie sähen dieses Weltenall von außen an.

Und jetzt machen wir das Umgekehrte. Wir haben soeben das Menschenhaupt gehabt, das im Innern den Gedanken in seiner Entwickelung hat, und äußerlich Licht schaut. Im Weltenall haben wir Licht, das sinnlich angeschaut wird. Kommen wir aus dem Weltenall heraus, betrachten wir das Weltenall von außen, als was erscheint es da? Als ein Gefüge von Gedanken!

Das Weltenall – innerlich Licht, von außen angesehen Gedanken. Das Menschenhaupt – innerlich Gedanke, von außen gesehen Licht. Das ist eine Art der Anschauung des Kosmos, die Ihnen ungemein nützlich und aufschlussreich sein kann, wenn Sie sie verwerten wollen, wenn Sie wirklich auf solche Dinge eingehen. Es wird Ihr Denken, Ihr ganzes Seelenleben viel beweglicher werden, als es sonst ist, wenn Sie lernen, sich vorzustellen: Würde ich aus mir herauskommen, wie es ja fortwährend der Fall ist, wenn ich einschlafe, und zurückschauen auf mein Haupt, also auf mich als Gedankenmenschen, so sähe ich mich leuchtend. Würde ich aus der Welt, aus der durchleuchteten Welt herauskommen, die Welt von außen sehen, so würde ich sie als ein Gedankengebilde sehen. Ich würde die Welt als Gedankenwesenheit wahrnehmen.

Sie sehen, Licht und Gedanke gehören zusammen, Licht und Gedanke sind dasselbe, nur von verschiedenen Seiten gesehen.»

Aus: Rudolf Steiner: Das Wesen der Farben (GA 291), Vortrag vom 5. Dezember 1920.

«Dies Licht, von dem die Mysterien sagen, ist ein Licht innen. Von hier strömt das Licht, Äonenlicht, Astrallicht, in dem wir leben; es erscheint uns nur von außen, wir erleuchten damit die Welt. – Plato schildert den Sehvorgang so, als ob auch das Auge das Tätige, nicht das Passive wäre, während der heutige Materialist keine Vorstellung hat, dass inneres Licht vom Menschen ausströmt, das die Gegenstände umfängt. [...] Das Pleroma, Äonenlicht nannten es die Gnostiker, das Astrallicht nennt es die heutige Theosophie, mit dem der Mensch die Welt durchleuchtet, um sie auf diese Weise sichtbar zu machen.»

Rudolf Steiner, aus Mitschriften zum Vortrag am 14. November 1904.

«Dies darf als Grundüberzeugung der Antike gelten, die auch Aristoteles teilt: die Natur der Sinne ist ein Analogon dessen, was sie erschließt. [...] Das Licht ist zugleich Ursache des Auges und des Erblickten und deren Medium und deren Inhalt. Hier gilt wirklich: das Licht ist das Medium, das die Botschaft ist. Und da Auge und Licht dem Geist seine Form vorgeben, gilt das Gesagte für das (platonische) Erkennen überhaupt.

Das Erkennen ist das Scheinen der Idee – ihr Licht, also ihr Schönes (wie denn auch Plotin und Hegel das Schöne als dieses Scheinen des Geistes bestimmt haben). Dies geht zuletzt auf eine Vorstellung zurück, wonach der Logos, so er denn nicht reine Mathematik und Logik, sondern erscheinende Ordnung, also eidos der Welt ist, in nur einem Medium gedacht werden kann: dem Äther. Darin aber wirkt die wohl noch ältere Vorstellung, wonach die Natur – wie Heraklit sagt – nicht nur sich zu verbergen liebt, sondern ebenso sich manifestiert (wie es Goethe gern bemerkt). *Der apophantische Logos ist mithin eine ins Philosophische gewendete Naturerfahrung – nämlich des Lichtes. Als Äther gefasst, ebenso immateriell wie feinstofflich, ist es das Medium, worin der Logos nicht nur sich entfaltet, sondern sich selbst begreift.»* (Kursivsetzung: HCZ)

Aus: Hartmut Böhme: Das Licht als Medium der Kunst. Über Erfahrungsarmut und ästhetisches Gegenlicht in der technischen Zivilisation. Antrittsvorlesung an der Humboldt-Universität zu Berlin am 2. November 1994. Band 66 von Universität Berlin, Humboldt-Universität: Öffentliche Vorlesungen.

Exkurs: Licht differenziert

Mit dem morgendlichen Dämmern wird es deutlich: Licht differenziert. Was vorher einheitlich grau und flächig war, tritt mehr und mehr in der Fülle der Farben, Formen und in der Vielfältigkeit der räumlichen Gestaltung auf.

Je mehr Licht, desto differenzierter erscheint die Welt – bis allerdings auch hier ein Maximum überschritten wird, und die gegenständliche Erscheinung der Welt gegenüber der Intensität des Lichtes wieder zurückzutreten beginnt. Alles ist überblendet. Die Konturiertheit, die Körperlichkeit, die Farbigkeit der Dinge tritt wieder zurück. Das Dingliche verwandelt sich mehr und mehr in unfassliche Lichterscheinungen, bis es sich ganz aufzulösen beginnt. Das Auge bzw. das Sehen vermag sich dem immer weniger auszusetzen, das Licht wird untragbar, unerträglich. Das Sehen fühlt sich übermannt.

So steht ein sprechendes Spektrum vor uns: die Helligkeit des Morgens, in der Phase, in der die Sonne noch nicht überm Horizont erschienen ist; Licht lässt selbstlos die Welt der Dinge erscheinen. Dann folgt die aufleuchtende und mehr und mehr feingestaltete Welt, die in all ihrem Glanz auf die über dem Horizont aufsteigende Sonne verweist; Dingwelt und Licht stehen in einem glorreichen Zusammenspiel. Mit der Überblendung muss die Dingwelt zugunsten des Lichtes weichen; das Licht beansprucht gleichsam, selbst in Erscheinung zu treten.

Das Licht wandelt auf diesem Weg seine Qualität: Von der anfänglichen Selbstlosigkeit (es bringt ja zunächst die Welt zur Erscheinung) über das glänzende Miteinander von Welt und Licht bis hin zur Selbstbezogenheit des Lichtes in der Blendung.

Föhn, Bise und Co.

Ein ähnliches Spektrum tut sich auf, wenn wir die Qualitäten des Lichtes in verschiedenen Wettersituationen beobachten. Das eine Extrem ist die warmluftige Föhnsituation: Die Welt erscheint überplastisch, überklar, überdifferenziert, überfarbig, überräumlich. Über diese Klarheit kann man regelrecht ins Schwärmen geraten. Die Welt scheint sich uns auf-

Verschiedene Wetterlagen, verschiedene Lichtqualitäten:
oben Bise, Mitte ‹normal›, unten Föhn (Fotos: HCZ)

drängen zu wollen. Das andere Extrem stellt sich mit der kühlen Bise (oft aus dem kalten Nord-Osten kommend) ein. Dann sind die Konturen der Dinge überbetont; das Licht wirkt kühl, manchmal fahl; die Höhlungen der Häuser, die Fenster und Türen, fallen dann besonders auf, die Kanten und Konturen erscheinen scharf geschnitten. Es ist eine zwar brillant erscheinende, aber kühl-distanzierte Welt.

In beiden Fällen scheinen sich die Grenzen zwischen Vorder-, Mittel- und Hintergrund eher aufzulösen. In der Mittellage, bei sogenanntem ‹normalem Wetter› indes, zeigt sich die Welt in freilassender Weise in einen klaren Vordergrund, einen im Dunst bläuenden und flächig werdenden Hintergrund und einen übergänglichen Mittelgrund gegliedert. Der Vordergrund spricht dann vor allem in seiner physischen, irdischen Erscheinungsweise an; im Hintergrund nehmen sich Räumlichkeit und Körperlichkeit zurück. Bergzüge erscheinen dann beispielsweise als bläulich-milchige Farbflächen, die hoch in den Himmel aufsteigen (sie wirken dann deutlich höher, als wenn sie sich der räumlich-körperlichen Erscheinungsweise hingeben) und dort oft erst im zweiten Blick von Wolkenbildern unterschieden werden können. Hier erscheint die Welt mehr und mehr geistnah. Die Welt dazwischen spricht uns eher stimmungshaft und seelisch in Form der vor uns sich ausbreitenden landschaftlichen Natur an.

Rund bis spitzig

Die Pflanzenwelt nimmt die differenzierende Wirkung des Lichtes *bildhaft* in ihre Gestaltbildung auf.[69] Die Gesamtgestalt ein und derselben Pflanzenart wird auf dem Wege von Schatten- zu Lichtstandorten mehr und mehr ausdifferenziert, bis schließlich ein Übermaß an Licht zum spitzig-reduzierten Kümmerwuchs führt. Ganz entsprechend macht auch die Blattreihe (im Idealfall) eine Formverwandlung durch: Von den bodennahen, schattenhaft ungestalteten, runden und langstieligen Blättern geht der Weg über gegliederte, formgestaltete und ausgebreitete Blätter in mehr und mehr zusammengezogene, stiellose und spitzige, blütennahe Blattformen.

Der Mauerlattich unter verschiedenen Lichtbedingungen:
links Lichtstandort, rechts Schattenstandort.
Blattreihe jeweils von schattiger Boden- zu lichtvoller Blütennähe.
Aus: Jochen Bockemühl: Ein Leitfaden zur Heilpflanzenerkenntnis,
Bd. 1. Dornach 1996.

Bewusstseinslicht, Helligkeit und Leuchten

Versuchen wir eine vorläufige Zusammenschau des bisher Entwickelten und erinnern wir uns hierfür der drei bis vier grundlegenden Lichtquellen.

Bewusstseinslicht und Augenlicht

Das Sehen der Erdennacht macht auf unsere eigene Leuchtefähigkeit aufmerksam. Es ist unser Bewusstseinslicht, das wir der Wahrnehmung der Welt zuneigen.

So, wie das Auge in diffuser oder fokussierter Weise Licht in die Welt lenken kann, so kann man am Tage zwischen der diffusen Helligkeit des Himmels und dem fokussierenden Licht der Sonne unterscheiden.

Hellwerden

Im morgendlichen Erscheinen der Welt dürfen wir zwei Phasen unterscheiden: das Hell- und das Lichtwerden. Die Phase des Hellwerdens spielt sich vor dem freien Erscheinen der Sonne überm Horizont ab. Farben werden sichtbar, und in dieses Sehen der Farben mischen sich zur Gestaltung der Welt Formen, Körperlich- und Räumlichkeit ein. Welt erscheint in ihrer Augenfälligkeit. – In dieser Situation zeugt das Licht von der Welt, nicht von sich.

Reduziert man das Hellwerden auf das rein sinnliche Wahrnehmbarwerden von Farben, so haben wir es hier mit einem physischen Ereignis zu tun, denn wir sind auf dieser Ebene noch ganz im reinen, sinnlichen Element des Sehens (das Sinnliche macht das Physische der Welt aus; das Reinphysische des Gesichtssinns sind die Farben). Das Auge erhält die Sinnesangebote, die es wahrnehmen (verwirklichen, annehmen) kann: Farben und Grautöne. *Hellwerden bedeutet auf der Sinnesseite also: Das physische Sehen wird ermöglicht.* In diesen hellen Grund bringen die Ideenlichter Form, Gestalt und Raum.

Das ‹Hellwerden› umfasst allerdings noch mehr als das Erscheinen von Farben, von Raum und Form. Es ist auch ein seelisches Erlebnis. Wir sprechen ja bereits bei rein innerlichen Seelenerlebnissen von ‹hell›, etwa dann, wenn uns ein Gefühl zur Gedankenklarheit aufhellt oder wenn überhaupt das Denken in sich eine Helligkeit entwickelt. Ein damit offensichtlich verwandtes Erlebnis stellt sich für uns ein, wenn sich am Morgen die Welt erhellt. Was ‹draußen› geschieht, erleben wir innerlich als Hellwerden. In uns spielt sich mit dem Weltenereignis des Morgengrauens das Hellwerden ab.

Was ist mit diesem Erlebnis «Es wird mir hell!» – seelisch-geistig oder auch vorstellungsfrei besonnen – verbunden? Es ist vielleicht so etwas wie ein Aufwachen der Seele für eine über sie selbst hinausgehende Umwelt; ein Sich-Öffnen der Seele aus der eher dunklen Innenräumlichkeit ihrer Einsamkeit hinein in das erheiternde Zusammensein mit dem vielgestaltigen Umkreis des eigenen Seins. Es ist vielleicht ein mehr passives, seelenseitig betontes Erleben: Mir wird hell (ich weite mich aus).

Mit dieser Innenseite des Hellwerdens klingt jene Phase des Morgengrauens zusammen, in der die Sonne noch nicht über den Horizont getreten ist. Die Dinge erscheinen, aber ohne Bezug zur Sonne (es fehlen z.B. Schlagschatten), sie erscheinen individualisiert. Jedes ist für sich eine die Schönheit des Erscheinens empfangende Entität.

Als Quelle der Helligkeit kann hier das allgemeine, diffuse Himmelslicht aufgefasst werden. Gerade aber dieses diffuse Licht ermöglicht Individualisierung.[70]

Leuchten

Sobald sich die Sonne über den Horizont erhebt, tritt etwas anderes zutage: Die Sonne zeigt ihre Dominanz. Ab jetzt steht alles in Bezug zu ihr, egal ob im Schatten oder im Licht. Die Dinge erscheinen nun im Glanze der Sonne. Sie verweisen sowohl durch ein Aufleuchten als auch durch Schattenwurf auf die Sonne, sie leuchten auf (werden mitleuchtend) oder geraten in die der Sonne abgewandte Seite (sind schattend). Erst jetzt sprechen wir von Licht, von Leuchten, von Glanz. Und alles, was glänzt, tritt nun über sich hinaus und geht in der *allgemeinen* und *einen* Beziehung zur Sonne auf. *Die solitäre Sonne eint die Dinge, indem sie diese über sich hinaus hebt.*

Und jetzt – mit dem aufscheinenden Glanz der Dinge, sobald die Sonne den Horizont überschreitet – tritt erneut die Frage auf, ob wir nicht doch ‹Licht› und nicht bloß Farben ‹sehen›. Ein weißer Fleck auf einem Blatt wird eben nicht mehr als solcher gesehen, sondern als ein Lichtphänomen, als ein Aufleuchten des Lichts. In einem Sonnenstrahl, der ins Zimmer einbricht, sehen wir nicht die Staubpartikel, die in ihm schweben (die ihn gewissermaßen erst sichtbar machen), sondern wir sehen Licht. Die weißen Flächen an der Wand sehen wir nicht als Wandmalereien moderner Kunst, sondern als Flächen erscheinenden Lichtes. Wir sehen etwas, das nicht zur physischen Sehwahrnehmung gehört; wir sehen etwas, was strenggenommen nicht gesehen werden kann.

Ganz so wie beim Erlebnis ‹hell› kennen wir auch innerseelische Situationen, die wir mit dem Begriffsfeld des Lichtes bezeichnen: Etwas leuchtet uns ein, es wird Licht in uns etc. Im Grunde erleben wir seelisch ganz dasselbe an den Welterscheinungen, wenn wir mit dem Aufgehen der Sonne von ‹Licht›, ‹Glanz›, ‹Leuchten› etc. sprechen. Licht ist das seelische Erlebnis von (geistigem) ‹Leuchten›, von (geistiger) ‹Aktivität›, von (geistigem) ‹Glanz›, von (geistigem) ‹Ruhm› und (geistiger) ‹Glorie› – oder anders ausgedrückt, von einem reinen, machtvollen und geistigen Über-sich-Hinaustreten und dabei zugleich Von-sich-selbst-Zeugen.

Licht scheint demnach – im Vergleich zur Helle – ein mehr aktives, geist-seitiges Erlebnis zu sein. Es gleicht insofern dem Ich, das sich durch Selbst-Bewusstsein und Selbstzeugung auszeichnet.

Machen wir uns deutlich:
Unser Augenlicht verbindet sich im Hellwerden mit etwas, das seinesgleichen ist, wenn man also will, verbindet es sich mit dem ‹großen Augenlicht› des Tages. Wir können dies auch auf die Kurzformel bringen: Erscheint die Welt, so kommt das Sehen in die Welt. Dieses Die-Welt-Sehen ist eine Gemeinschaftsarbeit des Gottes- mit dem Menschenauge. Das Sehen ist dabei nicht rezeptiv (wie bereits die Analyse der Konstitution unserer Wirklichkeit zeigte), sondern verwirklichend, realisierend. Hellwerden bedeutet, beim Schöpfen der Wirklichkeit (Mit-)Zeuge zu sein.

Alle vier Lichtarten – Bewusstseinslicht, Augenlicht, Helligkeit und Leuchten – finden in und mit dem Sehen statt. Hier ist nicht das physiologisch oder neurologisch oder psychologisch aufgefasste Sehen gemeint, sondern das Sehen als Weltereignis, an dem ich zeugend teilhabe. Es findet sozusagen in meinem Auge statt. Die Welt ist damit nicht mehr gegenständlich von mir distanziert; ich stehe der Welt auch nicht mehr als Zuschauer gegenüber.[71] Vielmehr befinden wir uns in einem gleichsam distanzlosen Sehen, in dem sich Welt ausspricht. Wir erleben dieses Sehen als eine Erhellung. Tagsehen ist in diesem Sinne eine Art Hellsehen: Mir wird hell, mir wird Licht im Sehen.

In dieser distanzlosen Betrachtung des Sehens sind wir bei einer vorstellungsfreien Auffassung der Sinneserscheinung angelangt.

Das Sein und die Sichtbarkeit von der Sonne erfahren

Licht hat – wie wir schon gesehen haben – mit Geburt zu tun. Licht überschreitet damit unversehens die Grenzen zum Leben. Licht und Leben erfahren wir von der Sonne.

Wir haben gesehen: Licht ist als Erhellendes selbstlos: Es zeigt sich selbst nicht, bringt aber anderes zur Erscheinung. Hieran kann es dann doch – nun leuchtend – aufglänzen und damit von seiner Glorie, seiner Ehre, seinem Ruhm berichten.

Aristoteles ging noch davon aus, dass Helligkeit die Anwesenheit des Feuers (oder des oberen Körpers – also der Sonne) im Durchscheinenden sei. Helligkeit/ Licht sei also Anwesenheit, Dasein, Gegenwart des Lichtes – also *Parusie.* «*Mag sein, dass Platon deshalb sagt, dass die Dinge das Sein und die Sichtbarkeit von der Sonne erfahren. [...] So erfahren wir das Licht in der Erscheinung der Dinge.*» – zu diesem Schluss kommt auch Gernot Böhme, der weiterschreibt: «Von hier aus dürfte es sich anbieten, von der Phänomenologie aus Rechenschaft zu geben von den numinosen Helligkeitserfahrungen und Lichtgottheiten.»[72] An anderer Stelle meint derselbe, Lichterscheinungen wie Halos, Polarlichter und Regenbögen seien «*kulturgeschichtlich prototypisch für Erscheinungen überhaupt geworden, nämlich Erscheinungen, in denen etwas Geistiges sinnlich wahrnehmbar wird, ohne doch zum Ding zu werden. So kann Gott als reines Licht hervortreten [...].*»[73]

Böhme unterscheidet hiermit nicht nur zwischen Licht-Erscheinungen der Helligkeit und solchen des Leuchtens, sondern spricht dem Licht auch hervorbringende Aktivität zu (Licht sei Sein und Sichtbarkeit verleihend).

Zu beachten ist ferner, dass er gerade mit der zuletzt zitierten Beschreibung des Lichtes eine nicht-dingliche Erscheinungsqualität beschreibt, an der der oft so unfassliche Begriff ‹ätherisch› zugleich phänomenal verankert als auch erlebnismäßig (und damit inhaltlich) greifbarer werden kann. ‹Ätherische Erscheinungen› sind in diesem Zusammenhang ‹Lichterscheinungen›, ohne dinglichen Charakter. Alle

Erscheinungen des Lichtes (vom Glanz bis hin zum Selbstleuchten) tragen einen solchen Charakter. Gerade durch diese dingliche Ungebundenheit können ätherische Erscheinungen numinosen, gotteszeugenden Charakter tragen. Lichterscheinungen und Erscheinungen am Licht (Sichtbarkeit) zeugen von der Parusie des Göttlichen.

Vor diesem Hintergrund ist das Tageslicht sinnlich-sittlich vertieft (bedacht und erlebt) die Anwesenheit des Sonnengottes in mir, seine Parusie in und mit mir. Licht ist ein sinnlich-sittliches Erlebnis, das durch Glanz, durch Schein, durch Glorie von sich kündet.

Hiermit findet sich eine sehr grundlegende – und für unser heutiges materialistisches Bewusstsein überraschende – Antwort auf die Frage danach, was Licht ist und ob wir Licht sehen: Was wir Menschen heute als Sonnen-Licht erfahren, ist die Anwesenheit des Sonnengottes in uns – die uns sehen macht. Unser Sehen ist sein Sehen. Sein Sehen ist schöpferische Vorführung, sagen wir ‹Projektion›. Unter seinem Blick erscheint uns die Welt.

Die altägyptischen Vorstellungen vom Sonnengott kommen dieser Bildsprache für die Erfahrung von Licht im Sehen sehr nah. In einem Dokument von ca. 1300 v.Chr. sagt der Gott ‹Ra›: «Ich bin der, der seine Augen öffnet, und es wird Licht; wenn sich seine Augen schließen, senkt sich Dunkelheit herab.»[74] Das Auge des Sonnengottes galt als schöpferisch; Licht und Leben rücken hier in unmittelbare Nähe. Die Darstellung des Gottes als sonnenstrahlendes Auge hat sich bis in die Kirchendekoration des christlichen Abendlandes hinein erhalten. «Ras Blick war das Tageslicht. Für die Männer und Frauen dieser Kultur hieß, im Tageslicht zu stehen, immer auch, dass der Blick ihres Sonnengottes auf ihnen ruht. Die Macht des Sehens, die Fähigkeit, die Welt zu erhellen, war zu einer universellen Kraft geworden, in den größten Maßstab projiziert: Sie wurde zur Helligkeit des Tages. Gottes Blick war Licht. *Licht war das Sehen Gottes.*»[75]

Was hier in der Vergangenheitsform formuliert wurde, darf aufgrund unserer bisherigen Betrachtungen getrost in die Gegenwart geholt werden:

Licht ist das Sehen Gottes.[76]

Verlassen wir diese allgemeingesetzliche Sichtweise und kehren zu unserem eigenen Seherleben zurück, so ist Licht unser Sein im Sehen – und mit einem gewissen Recht dürfen wir sogar sagen: *Licht ist unser Sein in allen Sinnen. «Überhaupt, wenn die Sonne in mir lebt, so ist sie – die Sinne! Wenn ich mich der Sonne hingebe, so weiß ich nichts mehr von den Sinnen, dann sind sie die Sonne.»*[77], so Rudolf Steiner.

Sinne und Sonne

Wir betrachteten bislang unter dem Blickwinkel Licht allein das Auge. Das Zusammenkommen von innerem Licht und äußerer Sinnlichkeit zur erlebten Wirklichkeit findet allerdings in allen zwölf Sinnen statt. Tritt Licht damit über das Sehen in die anderen Sinnesfelder hinüber?

Nochmals: Eine wesentliche Geste des Lichtes ist es, die Erscheinung eines anderen Wesens zuzulassen, ja sie für die Sinnlichkeit hervorzubringen. Licht ist das Sehen Gottes, Gottes (Licht-)Sehen ist also selbstlos und lässt anderes zur Erscheinung kommen.

Ganz ebenso können wir die Geste der Sinne begreifen. Auch die Sinne lassen zur Erscheinung kommen: Die Ohren lassen die Welt zum Ertönen/Erklingen kommen, das Tasten zum Begreifen, das Riechen zum Geruch etc.

Licht tritt mit diesem Schritt nun tatsächlich über das Sinnesfeld des Sehens hinaus. Es ist die ‹Kraft›, die alle Welt zur Erscheinung bringt, die göttliche Parusie in aller Sinneswirklichkeit.

Die Sinne sind verschiedene Aspekte der Sonne/des Lichtes/des Sehen Gottes. Rudolf Steiner unterscheidet zwölf verschiedene Sinne oder zwölf verschiedene Aspekte des Lichtes – oder auch im Sinne des bisher Gesagten zwölf verschiedene Aspekte des Sehen Gottes. Er vergleicht das Leben des Menschen-Ich in den Sinnen mit dem Gang der Sonne durch die zwölf Tierkreiszeichen. Die folgenden längeren Zitate sollen in ihrer Zusammenstellung deutlich machen, wie eng Rudolf Steiner den Zusammenhang von Sonne, Sinne und Licht sah. Und: *Das Licht Gottes offenbart sich dabei Stück für Stück als eine Vielheit von schöpferischen Wesenheiten.* Wir sagten bereits an früherer Stelle: Das Licht ist voll von Wesen.

«Wenn man das menschliche Seelenleben überblickt, wie es sich auf Grund der Sinneserlebnisse herausbildet, so erscheinen die Sinnesorgane als feste Punkte, wie in einem Umkreis; und das ‹Ich› erscheint als das Bewegliche, das in verschiedenartigem Durchlaufen dieses Umkreises die Seelenerlebnisse gewinnt.»[78] «Indem unsere Sinne zwölf geworden sind, zwölf ruhige Bezirke, sind sie die Grundlage des Ich-Bewusstseins [des Menschen auf] der Erde.»[79]

«Zwölf Sinne entsprechen den zwölf Sternbildern des Tierkreises. Aber sie entsprechen ihnen nicht bloß. [...] Während sich die Anlage unserer Sinne bildete, wirkten auf sie die Kräfte des Tierkreises. *Es ist nicht bloß ein Entsprechen, sondern es ist ein Aufsuchen derjenigen Kräfte, die unsere Sinne in uns eingebaut haben, wenn wir von dieser Entsprechung der Sinne mit den Tierkreisbildern sprechen.* [...] Wir sind aus dem Makrokosmos heraus aufgebaut, studieren also, indem wir die menschlichen Sinnesorgane studieren, weltumspannende Kräfte, die in uns gewirkt haben durch Jahrmillionen und aber Jahrmillionen, und deren Ergebnisse solch wunderbare Teile des menschlichen Organismus sind wie die Augen oder die Ohren.» [Kursivsetzung: HCZ][80]

Zarathustra war der große Gelehrte und Eingeweihte der altpersischen Kultur. Er befand sich in einem unmittelbaren Gespräch mit dem Sonnengott, der Ahura Mazdao oder auch Ormuzd genannt wurde. Mit dem Sonnengott verbunden wirkte ‹Zaruana akarana›, der Geist des Tierkreises, des Zodiaks, der die Welt des Lichtes in eine Folge von Verwandlungen stellte, somit den Aspekt der Zeit in die Welt brachte. Im Auftrag von Ahura Mazdao und Zaruana akarana wirkten schöpferische Wesenheiten, die sogenannten Amesha-Spentas oder auch Amshaspands, denen in der christlichen Religion die göttlichen Hierarchien der Engelswesenheiten entsprechen.[81]

Rudolf Steiner schildert, wie Zarathustra «auf die große Peripherie des Daseins [wies] und zeigte, wie in dem Sonnenleib der große Geist der Sonne, Ahura Mazdao, der Geist des Lichtes vorhanden ist.»

Auch Plutarch erwähne, so Rudolf Steiner, dass es im Sinne des Zarathustrismus liege, als Leiblichkeit für die höchste für die Erde in Betracht kommende Wesenheit das Licht anzusehen, und dass ihr Geistiges als die Wahrheit erscheine.

«Was später der Tierkreis wurde, ist Zaruana akarana: die in sich selbst sich findende Zeitlinie, welche Ormuzd beschreibt, der Geist des Lichtes. Das ist der Ausdruck für die geistige Tätigkeit des Ormuzd. Die Bahn der Sonne durch die Tierkreisbilder ist der Ausdruck der Tätigkeit des Ormuzd, und Zaruana akarana hat sein Symbol im Tierkreis. Im Grunde genommen sind ‹Zaruana akarana› und ‹Zodiakus› dasselbe Wort so wie ‹Ormuzd› und ‹Ahura Mazdao›. [...]

Anders wirkt die Sonne des Morgens, anders am Mittag. Indem sie hinaufsteigt vom Widder bis zum Stier, indem sie wieder hinuntersteigt, wirken ihre Strahlen immer anders; anders wirken sie im Winter, anders im Sommer, von jedem Sternbild aus verschieden. So werden für Zarathustra die Wirkungen des Ormuzd von den verschiedenen Richtungen, die symbolisiert werden durch das Stehen der Sonne in den verschiedenen Sternbildern, das heißt die verschiedenen Richtungen der Ormuzd-Wirkungen, zum Ausdruck derjenigen geistigen Wesenheiten, die gleichsam die Diener, die Söhne des Ormuzd sind, die das ausführen, was er anordnet: das sind die ‹Amshaspands› oder ‹Amesha-Spentas›, die gleichsam unterhalb des Ormuzd stehen und ihre Spezialtätigkeit haben. Während Ormuzd die ganze Tätigkeit des Lichtreiches hat, haben die Amshaspands die Spezialtätigkeiten, die ausgedrückt werden durch das Herleuchten der Sonne aus dem Widder, aus dem Stier, dem Krebs und so weiter. Die Ormuzd-Wirksamkeit kommt durch das volle Leuchten der Sonne durch alle hellen Tierkreisbilder vom Widder bis zur Waage oder zum Skorpion zum Ausdruck.»

Auf die Identität der zwölf Tierkreiszeichen mit den zwölf Sinnen weist Rudolf Steiner vielfach hin, auch wenn die Zuordnung in den verschiedenen Darstellungen durchaus unterschiedlich ausfällt.[82] – Wie dem auch sei: Durch die vorangehenden Zitate sollte deutlich werden, dass sich das Sonnenlicht zwölf verschiedener Tore bedient, um seine Wirksamkeit sinnlich zu dokumentieren. Im Kontext des Jahreslaufes sind das die verschiedenen Lichtqualitäten in der Monatsfolge der Tierkreiszeichen, im Kontext des menschlichen Organismus sind das die zwölf Sinnesfelder.

Licht und das Leben in den Sinnen sind eines. Das Tagwerden, das Hellwerden, das Leuchten – all das sind Sinneserhellungen. Die Sonne spielt dabei auf unseren zwölf Sinnen.

Die Außenwelt ist durch die Sinne in uns hineinorganisiert: «Es lebt eigentlich nicht er [der Mensch] in diesem Sinnessystem, sondern die Umwelt. Diese hat sich mit ihrem Wesen in die Sinnesorganisation hineingebaut.», so Rudolf Steiner.[83]

Was im Zarathustrismus als ‹Ormuzd› oder ‹Ahura Mazdao› als Geist des Lichtes bezeichnet wurde, ist als Christuswesenheit, als Sohn Gottes auf die Erde herabgestiegen, so wiederum Rudolf Steiner.

Das Licht erweist sich als selbstlos, insofern es anderes zur Erscheinung kommen lässt. Genauso lässt auch die Wahrnehmung anderes erscheinen. *Wahrnehmung ist die*

Umwendung des Ich von der Selbst- zur Weltenbezogenheit. Im menschlichen Wahrnehmen gerät die Sonne zum Wahrnehmungsorgan. Wahrnehmung und Licht sind wesens-eins.

Diese Einsicht hat sich die Moderne noch in der Kunst bewahrt, indem sie ihre Aufmerksamkeit auf das seelische Beobachten des Wahrnehmens lenkt und konsequenter Weise immer wieder das Licht zum Thema hat, am deutlichsten etwa in den Lichtinstallationen von James Turell.[84]

Wie wir bereits mehrfach sahen, bedarf unsere Wirklichkeit nicht mehr als dreier bzw. vierer Lichter:

- *die Helligkeit in den Sinnen – diese Helligkeit bildet die Stoffseite der Wirklichkeit; sie wird gebildet aus dem jeweiligen Sinnenlicht (Bsp. Augenlicht) und der Himmelshelligkeit,*
- *das erleuchtende Ideenlicht (das Sonnenlicht) – dieses Licht bildet die Geistseite der Wirklichkeit,*
- *das Licht unserer zeugenden Anwesenheit – dies ist das Bewusstseinslicht der Seele.*

Insofern können wir sagen, dass das Leben in den Sinnen das Leben im Licht ist.[85] Das Licht (die Sonne) hat sich zwölf Spielmöglichkeiten geschaffen, um sich der Menschenseele einzuprägen.[86]

Indem sich so das Licht auf alle zwölf Sinnesfelder bezieht, ist in unserem Gang der Betrachtungen das Licht zum Dasein in einer sinnlichen Wirklichkeit schlechthin geworden. – Besinnen wir dies und erleben wir dies im unmittelbaren Sehen, Hören etc., so vertieft sich diese Einsicht in ein Vertrauen schenkendes und erhellendes Getragensein durch, mit und in Gottes (Christus') Händen.

Vom Augenblick

Kehren wir wieder zu dem Sinnesorgan zurück, dem das, was wir Licht nennen, in urtypischer Weise zusteht. Besinnen wir den ‹Augenblick›.

Im Sehen (bei Tage) erfahren wir das Leuchten des Auge Gottes. Wir sehen dabei ‹in die Welt› mit der Sonne im Rücken. Der Blick in die Sonne blendet uns. Auch der Blick in die Augen eines anderen Menschen blendet uns; es ist nicht immer leicht, dem Blick des anderen, dessen Leuchten standzuhalten. Man droht sich entweder darin zu verlieren (man verliebt sich gar) oder man weicht der Ich-Anwesenheit des anderen Menschenwesens aus. Die Augen des anderen Menschen leuchten; das ist kein verstandesmäßiger Schluss, sondern ein unmittelbares Erlebnis. Der Blick des anderen Menschen zwingt uns gleichsam in eine sinnlich-übersinnliche Erfahrung.

Freude am Mitschaffen

Auch das Menschenauge strahlt und leuchtet also. Das im Tode erstarrte Auge leuchtet nicht mehr. Das Leuchten des lebendigen Auges scheint etwas mit Daseinsfreude, Schaffensfreude, Freude an der Kreativität des Ich-Seins zu tun zu haben. Es scheint mir so etwas wie die insgeheime (unterschwellige) Freude am Mitschaffen im Sehen. Und wie sehr können wir doch gerade durch den Blick des anderen Menschen von der Welt lernen. Wie freudig doch der Moment, in dem ich auch jenes selbe dort in der Ferne sehe, worauf mich der Begleiter bereits mehrfach – aber ohne rechten Erfolg – aufmerksam gemacht hat (siehe auch Exkurs: Wie ist unsere Wirklichkeit konstituiert?). Nun blicken wir gemeinsam in dieselbe Richtung – so wie wir mit der Sonne im Rücken in dieselbe Richtung blicken wie das Gottesauge.

Wie matt und freudlos ist doch heutzutage oft der Blick des Menschen geworden. Die Möglichkeit des Mitschaffens (und damit auch die Freude daran) scheint aus dem Blick geraten. *Das Mitschauen Gottes kann nicht mehr erlebt werden – weil wir einen falschen*

Licht- und Wirklichkeits-Begriff haben. Unser eigener Blick wird dadurch matt. Stattdessen bannt uns das Gegenlicht der Bildschirmwelt. Hier leuchtet uns laufend eine eigene, unsere Kreativität für sich in Anspruch nehmende Macht ins Auge – hypnosegleich.

Mag sein, dass gerade auch die Glorie des Gottesauges mit dessen Übermaß an Schaffensfreude zu tun hat. Und doch ist natürlich ein großer Unterschied zwischen dem Auge Gottes und unserem Auge: Wir werden von unseren Augen nie einen Lichtstrahl ausgehend sehen, der (dem Lichtkegel einer Taschenlampe gleich) die Welt beleuchtet. Das Licht unserer Augen kann zwar als anwesend erlebt werden, es tritt aber nicht in die Sichtbarkeit, es bleibt ein übersinnliches Erlebnis, es tritt nicht durch. Das Licht Gottes vermag es, vom Jenseits ins Diesseits als Lichterscheinung durchzubrechen. Es wird zu einer ätherischen Erscheinung, während unser Augenlicht ein seelisch-geistiges Erlebnis bleibt.

Das Auge ähnelt in gewisser Weise der – etwa von Gerhard Richter – gemalten Kerze: Das Leuchten west zwar an, wird aber nicht sichtbar, tritt nicht als selbstleuchtend in die physische Welt. Wie die gemalte Kerze ein Bild der leuchtenden Kerze ist, so ist das Auge ein Bild des Gottesauges, der Sonne.

Das Leuchten des Auges eines anderen Menschen ist kein ‹Hindurchleuchten›, wie das Leuchten einer Taschenlampenbirne durch das Schutzglas des Gehäuses. Es ist ein Konzentrationsort, ein Sammelort, ein Fokus von Anwesenheit. In diesen geraten wir hinein, wenn wir in die Augen eines anderen Menschen schauen. Im Bann dieses Durchtrittsortes kann man sich zwar nicht leiblich, sehr wohl aber seelisch verbrennen.

Zeitlos zeitlich

Der Augenblick ist ein Inbegriff des Daseins in der Zeit. Er will das ‹Jetzt› im steten Fluss des Weltgeschehens zwischen Vergangenheit und Zukunft behaupten. Denn: Die Ausdehnung des Augenblicks scheint schwer bestimmbar. Er ist mit dem Sekundenzeiger nicht festzuhalten. Durchaus ist der Augenblick nicht das, was uns die aus der Stunden-und-Minuten-Zeit sich generierende Vorstellung suggerieren will, nämlich ein Hintereinanderherjagen von Mikro-Mikro-Zeiteinheiten. Der Augenblick hat eine eigene Zeit, eine eigene Ausdehnung. Er kann der rettende Blick sein, wenn der Vogel es doch noch gerade schafft, vor dem vorbeirasenden Auto, die Straße zu überfliegen; er kann das gelassene Mitgehen mit dem ausgedehnten Erklingen einer Bach-Passion sein. Dem Augenblick wohnt keine Hektik inne. Wir erleben ein sich selbst tragendes Gesamtmoment, auch dann, wenn wir die eilige Geschäftigkeit eines morgendlichen Bahnhofgeschehens in Betracht ziehen. Immer erleben wir ein Kontinuum der Existenz, von uns selbst mit der Welt. Und dieses Kontinuum erleben wir mehr als einen Moment, denn als einen dahinfließenden Strom. Wir erleben einen Moment, in dem wir in der Welt sinnlich wahrnehmen, in ihr sind, in dem wir denken, leiblich leben, bewusst sind.

Der Augenblick ist ein tiefes Erlebnis, sowohl jener des anderen Menschen als auch jener der wirklich erlebten Gegenwart in der Welt. Solche Momente gelten als zeitlos, können – zumindest in der Erinnerung – unendlich anmuten.

Das muss uns aufhorchen lassen: Kaum, dass wir im Augenblick, in der Gegenwart ankommen, in dem Zeitmoment, in dem wir und das ins Auge Gefasste ‹endlich› sind, gerät uns der Moment, der Augenblick schon wieder aus den Fingern und scheint sich ins Unermessliche des Jenseits zurückzuziehen. Woran liegt das?

Es liegt an unserem Denken und an unserer Vorstellung von Zeit. Wir sind es heutzutage primär gewohnt, ein festhaltendes, fixierendes, bestimmendes Denken zu pflegen. Ein solches wird aber Fließendem, Strömendem, Lebendigem nicht gerecht. Das festhaltende Denken will dieses Fließende aus einzelnen ‹Ereignispartikeln› zusammengesetzt vorstellen. Wir stellen uns damit Zeit wie eine quasi-räumliche Perlenkette von solchen ‹Ereignispartikeln› vor.

Ein lebendiges Denken, das dem Leben im Zeitlichen gerecht werden will, beginnt damit, sich der vielleicht zunächst unangenehmen Frage zu stellen, wo denn der Moment, der gerade war, hingegangen ist? Wo ist das, was ich heute erlebt habe, morgen? Und auch: Wo befindet sich das, was aus der Zukunft kommen wird? – Es scheint, dass wir es nur im Augenblick mit einer *sinnlichen Wirklichkeit* zu tun haben. *Der Augenblick macht die sinnliche Gegenwart aus.* Was war und was sein wird, befindet sich im Unsichtbaren des Daseins. Und der Augenblick hüpft nicht auf einer quasi-räumlichen Kette von Zeitereignis zu Zeitereignis, vielmehr ist er eine stete Verwandlung dessen, was sich vor unseren Augen sinnlich abspielt. Wir haben einen wahrhaften Zauber vor unseren Augen – uns zeigt sich eine stetig sich metamorphosierende

Bilderwelt. Und damit ist auch der Augenblick eine seelisch-geistige Situation, in der wir uns befinden, die sich uns sinnlich darbietet. Der Inhalt des Augenblicks, seine Bestimmung und auch seine Dauer, ja seine stete Verwandlung – all das bestimmt sich vom Seelisch-Geistigen aus.

Zeit ist also ein Sich-Aufhalten in einer seelisch-geistigen Wesenswelt. Der Augenblick hat die *Weile* des mit ihm verbundenen seelisch-geistigen Moment- oder Ortswesens. Verweilt man an einem bestimmten Ort, so ist alles, was sich dort ereignet, das Leben und Weben dieses übersinnlichen Ortswesens. Dieses Wesen ist seinerseits Teil des ganzen, sich wandelnden und entwickelnden Weltprozesses.

Solche übersinnlichen Wesen gleichen insofern unseren Gedanken, als ja diese – zumindest ist das zu hoffen – einer steten Entwicklung unterliegen. Man kann also sagen: Zeit ist Weltendenken. Und dieses Denken hinterlässt Spuren im Sinnlichen derart, dass das vormals Gegenwärtige im aktuellen Gegenwärtigen in verwandelter Form präsent ist. Zum Glück bin ich nämlich einerseits *derselbe* wie vor 30 Jahren, zum Glück bin ich aber auch andererseits *nicht derselbe* wie damals!

Wenn Licht raumt, so befinden wir uns in der seelisch-geistigen Umgebung der Freiheit. Wenn Licht zeitet, dann befinden wir uns in der seelisch-geistigen Umgebung des Lebens, das wir als Weltendenken auffassen können.

Auch die Zeit ist ein Hervortreten eines Unsichtbaren ins Sinnliche, ein Hervortreten eines Ideenlichtes. Dieses Ideenlicht erweist sich als lebendig: Es verwandelt sich ständig. Es behält den Zusammenhang zwischen den verschiedenen Erscheinungsmomenten (Verwandlungszusammenhang) und gibt dieser Verwandlung eine seinem Wesen, seinem eigenen Inhalte gemäße Abfolge. Leben wir im Jahreslauf, so leben wir im Wesen des Tierkreises – das Jahr steht im Zeichen des Zodiak, Monat folgt auf Monat, dem Januar folgt der Februar usf. Leben wir im Monatslauf, dann leben wir im Wesen des Mondes – der Monat steht im Zeichen des Mondes, Tag folgt auf Tag, Woche auf Woche. Leben wir im Tageslauf, dann leben wir im Wesen der Sonne – der Tag steht im Zeichen der Sonne. Auf den Morgen folgt der Mittag und auf diesen der Abend usf.

Leben wir mit der Zeit, dann leben wir in ineinander geschachtelten Zeitorganismen. *Der Augenblick ist voll von lebendigen Wesen. Erleben wir Zeit von Augenblick zu*

Augenblick, von erscheinender Wirklichkeit zu erscheinender Wirklichkeit, dann erleben
wir die Metamorphose solcher lebendiger Wesen. Der Augenblick ist wesentlich; und das
ist es, was uns im Augenblick so nahe geht und was ihm eine so ungreifbare Dauer verleiht.

Fassen wir abschließend mit einem Zitat von Rudolf Steiner zusammen:

«Aber die Zeit ist ja nicht ein Gefäß, in dem die Veränderungen sich abspielen; sie ist nicht vor den Dingen und außerhalb derselben da. Die Zeit ist der sinnenfällige Ausdruck für den Umstand, dass die Tatsachen ihrem Inhalte nach voneinander in einer Folge abhängig sind. Hier sehen wir, dass die Zeit erst da auftritt, wo das Wesen einer Sache in die Erscheinung tritt. Die Zeit gehört der Erscheinungswelt an. Sie hat mit dem Wesen selbst noch nichts zu tun. Dieses Wesen ist nur ideell zu erfassen. Nur wer diesen Rückgang von der Erscheinung zum Wesen in seinen Gedankengängen nicht vollziehen kann, der hypostasiert die Zeit als ein den Tatsachen Vorhergehendes. Dann braucht er aber ein Dasein, welches die Veränderungen überdauert. Als solches fasst er die unzerstörbare Materie auf. Damit hat er sich ein Ding geschaffen, dem die Zeit nichts anhaben soll, ein in allem Wechsel Beharrendes. [...] [Aber: (Anm. HCZ)] Das sinnenfällige Weltbild ist die Summe sich metamorphosierender Wahrnehmungsinhalte ohne eine zugrunde liegende Materie.»[87]

Randbemerkung: Der Blick verbirgt die Augen

«Wenn ich den Blick erfasse, höre ich auf, die Augen wahrzunehmen: sie sind da, sie bleiben im Feld meiner Wahrnehmungen als reine Präsentationen, aber ich mache davon keinen Gebrauch, sie sind neutralisiert, aus dem Spiel [...]. Nie können wir Augen, während sie uns ansehen, schön oder hässlich finden, ihre Farbe feststellen. Der Blick des Andern verbirgt seine Augen, scheint vor sie zu treten.»

Aus: Jean-Paul Sartre: Das Sein und das Nichts. Hamburg 1989, S. 344f.

Exkurs: Bildschirme, Handys, Beamer und Co.

Das Gegenlicht der Bildschirmwelt bannt unser Auge, laufend leuchtet uns hier eine eigene, unsere Kreativität für sich beanspruchende Macht ins Auge – hypnosegleich – so hieß es im vorhergehenden Abschnitt. Dieser Macht und dieser Welt wollen wir mit den folgenden Betrachtungen ein Wenig ins Auge schauen.

Die Betrachtungen zur Konstitution unserer Wirklichkeit (siehe Exkurs: Wie ist unsere Wirklichkeit konstituiert?) zeigten, dass das Wesen der Dinge, mithin ihre Natur, aus dem Übersinnlichen als Ideenlicht in die Welt des Sinnlichen gestaltend hereinleuchtet.

Wir haben auch gesehen, dass die leuchtenden Erscheinungen dem Licht zugeneigt sind, während schattende Erscheinungen eher dem Sinnlichen der Erde zugewandt sind. Die leuchtenden Erscheinungen liegen in der Blickrichtung zum Himmel, die schattenden in der Blickrichtung zur dunklen Höhle im Erdinnern.

Leuchtende Erscheinungen wie die Sonne, der Mond, die Sterne, Wolken, Halos, Regenbögen usf. zeigen sich am Himmel. Die Welt der handfesten Dinge zeigt sich unten auf der Erde. Das Licht kommt von oben, vom Himmel; der dunkle Stoff kommt von unten, von der Erde.

Man kann also sagen: Die Natur der Sache, ihr Ideenlicht, ihr Wesen hat seinen Ursprung oben im Himmel; das Sinnliche hat seinen Ursprung auf der Erde.

Leuchtende Erscheinungen verweisen auf ihren Himmelsursprung. Die Auffassung der Erden-Dinge als ‹Dinge an sich› (ganz im Gegensatz zur wahren Wirklichkeitskonstitution) verneint den Himmelsursprung.

‹Dinge› in diesem Sinn leugnen also ihre Herkunft, obwohl auch sie sehr wohl im Himmel urständen. Kein Ding erscheint unserem Sehen ohne das ihm entsprechende Ideenlicht. ‹Dinge› tun es also dem Schatten gleich – denn, erinnern wir uns: Schatten stehen ohne Frage auch in Bezug zur Sonne, ihr Kern aber negiert diesen Bezug. Tauchen wir ganz in die Welt des Schattens, der Ding-an-sich-Welt ein, dann isolieren wir uns und die Dinge, sie und wir sind dann ohne Zusammenhang mit unserer

Herkunft. Wir begeben uns damit auf den Weg in die von allem Tageslicht isolierte Höhle.

Indem wir der Illusion des ‹Ding an sich› nun zusätzlich noch die Illusion der Moleküle, Atome, Elektronen, Quanten unterlegen, befördern wir die Dinge sogar ‹unter die Erde›. Wir unterlegen den Erdendingen eine gequantelte ‹Ding-an-sich-Welt›, wir geraten in eine ihren geistigen Ursprung negierende Welt untertags, gleichsam in eine Hölle. Wir geraten jenseits des Schattens, jenseits des finstern Dunkels der Höhle. Und hierhin befördern wir auch das Licht, wenn wir es ‹elektrisch› denken (siehe hierzu Lesemotivation II). «Das Licht und der Äther, die geistverwandten Stoffe der Natur, sind heute in den Fluss der Daten transformiert. ‹Was die Natur im innersten zusammenhält›, ist zum 0/1 des Mikrostroms geworden.», so Hartmut Böhme.[88]

Dieses ‹mikro-elektrische› Denken über das Licht beherrscht unseren Alltag, dazu müssen wir heute kein Quantenphysiker sein. Mit jedem Anknipsen des Lichtschalters denken wir das aufleuchtende Licht ‹elektrisch›. Wir nennen es ‹elektrisches Licht› (wie dumpf oder hell auch immer die dabei gemachten Vorstellungen davon sind); wir bezahlen unsere Stromrechnung für das ‹elektrische Licht›. Immerhin scheint es sich für das eigene Portmonee zu rechnen, auf Energiesparlampen umzustellen. Ja, und wie viel Energie verbrauchen doch all die Bildschirme unserer Computer, unserer Tablets, unserer Handys und Co.! Wie schnell müssen wir ihre Akkus immer wieder aufladen!

Kurz: In dieser ganzen Welt des ‹elektrischen Lichtes›, in der ganzen Welt von Strom, Bildschirmen und Akkus befinden wir uns in einem Reich, das seinen Himmelsursprung verneint. – Das gilt zum einen allein schon in Bezug auf die Denkweise, auf ihre ‹Konzeption›, aus der heraus sie entstanden sind. Das gilt aber zum anderen auch für ihre Auftrittsweise: Sie sind nicht nur aus dem ‹atomistischen Ding-an-sich-Denken› hervorgegangen, sondern sie tragen dieses Denken wesenhaft in sich. Sie treten demgemäß in unserem Lebensalltag auf – jenseits der Lichtferne der Stoffeswelt, höhlenwärts, sogar jenseits der Höhle: höllenwärts.

Und da diese Dinge ihr Konzept in sich tragen, ist es kein Wunder, dass sie auch entsprechend auftreten: Bildschirme, Handys und Co. treten auch noch selbstleuchtend auf. Sie stellen dem Sonnenlicht und unseren Augen ein eigenes (elektrisches) Licht entgegen, sie sind gleichsam ein ‹Gegen-Licht›. *Es ist die Welt des Gegen-Gottes.*

Man mache sich das nur genügend deutlich: In der Welt des Himmels- und Sonnenlichtes schauen wir in eine selbstlose Geste: Wir werden auf anderes, auf das Mitleuchtende verwiesen. *Wir schauen mit der Sonne in die sich ringsum ausbreitende sinnliche Welt. In ihr lebt als Vorbild die Selbstlosigkeit.* Was in diesem Licht auf der Erde erscheint, ist nicht selbstleuchtend, es will unser Auge nicht reizen noch blenden.

Anders die Welt von Bildschirmen, Handys und Co. Sie leuchten uns immer entgegen, sie reizen (und blenden) uns.

Dieses Gegen-Licht zieht uns mehr und mehr in eine Indoor-Kultur hinein, raus aus der Welt von Sonnen- und Himmelslicht. Die Bildschirm- welt liebt die helle Sonne nicht; es bedarf des Rückzugs in die Quasihöhle des eigenen Appartements, um sich der Übermacht der Sonne zu ent- ziehen. Sie sucht sich das ihr entsprechende, sonnenferne Habitat.

Aber sie ist ja nicht bloß ‹Gegen-*Licht*›, sie ist auch ‹Gegen-*Welt*›; und sie beansprucht das – marktbeherrschend – immer mehr für sich. Noch treffender gesagt, sie beansprucht uns für sich! Wir folgen ihr in die ‹finstere Höhle› nach. Und in dieser Höhlen-Welt werden ein Gegenlicht und eine Gegen-Welt inszeniert – und mit Pokémon Go und Outernet wieder in die naturgegebene Sinneswelt hinausgetragen (siehe auch Lese- motivation II).[89]

Auch dies gilt es phänomenologisch zu besinnen: In der Welt des Himmels- und Sonnenlichtes zeigt das Selbstleuchtende selbstlos das Mitleuchtende *außerhalb* von sich. Es ist ein allgemeines Licht, in dessen Gefolge eine Fülle von weiteren, konkreten Ideenlichtern zur sinnlichen Erscheinung kommt. Hier die Sonne, dort die ‹Dinge›.

Bei Bildschirm, Handy und Co. ist das anders. Hier erscheint aller Inhalt, alles ‹Mitleuchtende› nicht außerhalb der Lichtquelle, sondern innerhalb derselben – und das macht (in doppeltem Wortsinne) gerade auch ihren ‹Reiz› aus. Das Selbstleuchtende dieser Unterwelt zieht uns in seinen (leuchtenden) Bann und verweist damit ständig auf sich selbst. Obwohl uns die Bildschirme mit einer Sintflut von Informationen überfrachten, lenken sie zugleich immer unseren Blick auf sich. Ihre Bilder stehen in vollem Licht, doch werfen sie keine Schatten.[90]

In den folgenden Ausführungen Rudolf Steiners wird deutlich, welche Wesenswelten zu diesen grundverschiedenen Gesten des Tages-Lichtes und des Unter-Tageslichtes gehören:

«Eine der Imaginationen von Michael ist auch diese: Er wallet durch den Zeitenlauf das Licht aus dem Kosmos wesenhaft als sein Wesen tragend; die Wärme aus dem Kosmos als Offenbarer seines eigenen Wesens gestaltend; er wallet als Wesen wie eine Welt, sich selber nur bejahend, indem er die Welt bejaht, wie aus allen Weltenstätten Kräfte zur Erde niederführend.

Dagegen eine solche von Ahriman: Er möchte in seinem Gange aus der Zeit den Raum erobern, er hat Finsternis um sich, in die er die Strahlen des eignen Lichtes sendet; er hat um so stärkeren Frost um sich, je mehr er von seinen Absichten erreicht; er bewegt sich als Welt, die sich ganz in ein Wesen, das eigene, zusammenzieht, in dem er sich selber nur bejaht durch Verneinung der Welt; er bewegt sich, wie wenn er die unheimlichen Kräfte finsterer Höhlen der Erde mit sich führte.

Wenn der Mensch die Freiheit sucht, ohne Anwandlung zum Egoismus, wenn ihm Freiheit wird reine Liebe zur auszuführenden Handlung, dann hat er die Möglichkeit, sich Michael zu nahen; wenn er in Freiheit wirken will bei Entfaltung des Egoismus, wenn ihm Freiheit wird das stolze Gefühl, sich selber in der Handlung zu offenbaren, dann steht er vor der Gefahr, in Ahrimans Gebiet zu gelangen.

Die oben geschilderten Imaginationen leuchten auf aus des Menschen Liebe zur Handlung (Michael) oder seiner Eigenliebe zu sich selbst, indem er handelt (Ahriman). [...]

Es ist aus dem Geschilderten wohl anschaulich, wie Michael der Führer zu Christus ist. Michael geht mit allem Ernste seines Wesens, seiner Haltung, seines Handelns in Liebe durch die Welt. Wer sich an ihn hält, der pfleget im Verhältnis zur Außenwelt der Liebe. Und Liebe muss im Verhältnis zur Außenwelt sich zunächst entfalten, sonst wird sie Selbstliebe.

Ist dann diese Liebe in der Michael-Gesinnung da, dann wird Liebe zum andern auch zurückstrahlen können ins eigene Selbst. Dieses wird lieben können, ohne sich selbst zu lieben. Und auf den Wegen solcher Liebe ist Christus durch die Menschenseele zu finden. Wer sich an Michael hält, der pfleget im Verhältnis zur Außenwelt der Liebe, und er findet dadurch das Verhältnis zur Innenwelt seiner Seele, das ihn mit Christus zusammenführt.»[91]

Am elegantesten in Bezug auf die Simulation der Himmels- und Sonnenwirklichkeit ist wohl der Beamer. Er nähert sich aus und in der Welt untertags der Sonne an: Mit ihm in unserem Rücken sehen wir die sinnlichen Erscheinungen vor uns. Er mimt in der gegenständlich gedachten Ding- und Raum-an-sich-Welt unser Verhältnis zur Sonne. Wie ja im Exkurs zur Konstitution unserer Wirklichkeit herausgearbeitet, ist unsere Erdenwirklichkeit eine Bildwirklichkeit. Sie verweist mit ihren – uns vorgestellten – Erscheinungen auf eine vorstellungsfreie seelisch-geistige Welt. Wenn wir also mit der Sonne im Rücken die Welt erblicken, wenn die Sonne unserem sehenden Auge die Welt vorführt, dann ist dies als Gebärde zu lesen und nicht als Gegenstands-an-sich- oder Raum-an-sich-Wirklichkeit. Wir sehen eine sinnliche Darbietung einer geistigen Tatsache. Wir sehen, wie sich ein Weltenlicht (genannt Sonne) vatergleich hinter uns stellt und uns die Schöpfung vorführt. Wir sehen dies nicht nur, sondern können auch realisieren, dass wir uns tatsächlich in dieser ‹Verfassung› befinden: Im Sehen der Welt sind wir mit diesem göttlichen Weltenlicht. Das kann uns ehrfürchtig stimmen.

Der Beamer, die Welt des Beamers aber heißt uns, die räumliche Vorstellung für bare Münze zu nehmen. Sie manifestiert unseren Aberglauben an diese Scheinwirklichkeit. Auch im Beamer lebt die Welt des Elektrischen. Auch er ist in die Höhle verbannt.

Um dieses Kapitel mit einem trostreichen Bild abzuschließen, sei auf das Kerzenlicht zurückgekommen. Immerhin ist mit der Kerze das Licht auf die Erde gekommen, auch die Kerze kann uns die Nacht, ja auch die Höhle erhellen. Die Kerze aber trägt nichts Elektrisches in sich. Sie verweist – im Idealfall der Bienenwachskerze – ganz im Gegenteil in all ihrer Stofflichkeit auf die Sonne. Mit ihr in der Hand tragen wir doch Sonnenlicht in die Höhle, die sie – sonnengleich – selbstlos erleuchtet.

Randbemerkung: Schein-Epiphanie

«Die ästhetische Theorie schätzt seit je das Auge, das nun allein die Regentschaft übernimmt, als das oberste, das intellektuelle Sinnesorgan. Von Geist zu Geist und also fasziniert stehen sich der Bildschirm und sein Benutzer gegenüber. Faszination ist eine Glückserfahrung, in der die alltägliche Wirklichkeit über dem Erlebnis einer überdimensionalen Erscheinung in nichts zerrinnt: Der Geist leuchtet in der Finsternis, in die die Wirklichkeit versinkt. [...]

Das Christentum stellte im Mittelalter seine Heiligen vor einem Goldhintergrund dar, dessen Leuchtkraft in der damaligen Zeit durchaus den Lichtquellen im Hintergrund der Bilder von heute vergleichbar ist. Durch die Kirchenfenster drang Licht von außen und hinten in einen Raum, den schwere Mauern verdunkelten; von Osten schien das Licht Gottes durch das Chorfenster herein und erleuchtete die im Dunkel und im Glauben verharrende Gemeinde. Jeder Heilige hat seinen Heiligenschein, jeder Bote Gottes seinen Glorienschein. Auch Gemälde senden, so als käme es tatsächlich von hinten, metaphysisches Licht aus, wie etwa Altdorfers ‹Alexanderschlacht›, wenn Licht am Bildrand diese zum welthistorischen Ereignis erhebt, oder jene Buchillustrationen des 18. Jahrhunderts, die die Französische Revolution durch eine aufgehende Sonne am Horizont, also wie von hinten, als Zeitenwende auszeichnen.

Glorien- und Heiligenschein machen es deutlich, dass Licht von hinten Licht von innen ist. Die Gestalt strahlt von sich aus, sie hat Teil am Himmelslicht, die irdische Lichtquelle verwandelt sich durch sie in ein überirdisches Leuchten. Bis in die Umgangssprache hinein wirkt diese Dramaturgie des Lichts, wenn man etwa eine ‹göttlich› schöne Frau eine strahlende Erscheinung nennt und einen vielwissenden Mann ein großes Licht.»

Aus: Hannelore Schlaffer: Epiphanie für jedermann – Unsere Computersucht. Neue Zürcher Zeitung vom 14.2.2014.

«All das Sicht- und Hörbare ist das Hier und Jetzt. [...] Seit kurzer Zeit zerfällt nun dieser Gegenwartsraum. Es erscheinen in den Bildern von Stadt- und Landschaften einzelne Rechtecke wie ausgeschnittene Löcher in eine andere Welt. Wer ihnen näher rückt, verschwindet und ist kaum noch ansprechbar, denn wer hinter dem Bildschirm sitzt, befindet sich wie in einer anderen Welt. Man könnte nun denken, das läge daran, dass dieser Mensch sich gerade über Skype mit Hongkong unterhält, seine Mails liest oder am Gamen ist. Aber möglicherweise liegt es gar nicht daran, sondern einzig und allein an der Fläche, in die er hineinschaut, weil diese ein feuerloses Licht ausstrahlt, das nicht zur übrigen Welt gehört, in der sich dieser Mensch gerade befindet. Deshalb ist er abwesend.»

Aus einem Blogbeitrag von Georg Hasler vom 9. Mai 2013.

Sonne und Auge

Das Sehen der sonnenbeschienen Welt ist der Ort, an dem wir uns in die Blickrichtung Gottes stellen. Auge und Sonne vereinen sich hier untrennbar zum Weltereignis des Sehens.

Das Sehen

Sonne und Auge zusammen sind das Sehen. Sie können ohne einander nicht sein. Ohne die Sonne wäre es für das Auge finster. Und ohne das Auge könnte die Sonne nichts zur Sichterscheinung bringen. Selbst ihre eigene Erscheinung bliebe ungesehen.

Die Sonne zeigt sich dem Sehen als strahlende Erscheinung. Sie wird vom Sehen als ein Erscheinendes erlebt, nicht als etwas, mit dem es wahrnimmt.

Das Auge wird vom Sehen als ein die Welt Entgegennehmendes erfahren, als ein die Erscheinung Auffassendes.

Das Sehen hat eine zur Erscheinung bringende und eine das Erscheinen zulassende, auffassende Seite – eine Sonne und ein Auge.

Wer sieht im Sehen? Wer lebt in dem Sehen, das auf Sonne und Auge angewiesen ist? Ich!

Wo erlebt sich dieses Ich, worauf bezieht sich das Ich im Sehen? Nicht auf die Sonne, sondern auf das Auge bezieht es sich im Sehen. Es erfasst sich als die Erscheinung entgegennehmend.

Wo ergibt sich dem sehenden Ich der Wesensgehalt der Welt? Auf der Seite des Auges, im Anschluss an das Auge, auf der Innenseite, der Seelenseite der Wirklichkeit – im bedachten Erleben der Welt.

Was in den Bann der Sonne gerät, offenbart sich als sichtbare Erscheinung – wird Außenwelt, Oberfläche. Sonne heißt, Welt selbstlos und wesensfrei zur Erscheinung zu bringen. Erst an das Auffassungsorgan des Auges schließt sich die Wesenstiefe der Welt an. Im Auge findet die erscheinende Welt sich selbst in ihrem Wesensgehalt.

Entwicklung

Auf der Sonnenseite hat sich die Welt in die Erscheinung ergossen, sie ist in die Erscheinung erstorben. Auf dieser Seite tritt Welt aus der Vergangenheit kommend als Außenwelt auf. Auf der Seite des Auges wird Welt bejaht, aktualisiert, mithin wahrgenommen. Sie wird vergegenwärtigt und im Vergegenwärtigen verinnerlicht. Was mit dem Erscheinen aus der Unsichtbarkeit hervortrat, findet im Anschluss an das Auge eine neue Unsichtbarkeit.

Um es mit Rainer Maria Rilkes neunter Elegie zu sagen:

«Erde, ist es nicht dies, was du willst: *unsichtbar*
in uns erstehn? – Ist es dein Traum nicht,
einmal unsichtbar zu sein? – Erde! unsichtbar!
Was, wenn Verwandlung nicht, ist dein drängender Auftrag?»

Zwischenbilanz

Im Sehen sind Sonne und Auge aufeinander angewiesen: um sich als Sehen zu ereignen und um die Welt zu verwandeln, ihr im Innern des Menschenauges einen «Neugottesgrund» (wie es Christian Morgenstern formulieren würde) zu bereiten.

Im Menschenauge erst findet sich die Göttlichkeit der Welt; im augenseitigen «Ich sehe» findet die Welt erst ihren Wesensgehalt.

‹Ich› sehe

Wer lebt in dem Ich, das sieht? Wer lebt in der Teilhabe am Wesensgehalt der Welt? Ich, das kleingeschriebene ‹ich›, hat teil am Welten-Ich. «Der gesamte Seinsgrund hat sich in die Welt ausgegossen, er ist in sie aufgegangen. Im Denken zeigt er sich in seiner vollendetsten Form, so wie er an und für sich selbst ist.»[92] Der Weltengrund ist substantiell in das augenseitige Seeleninnere des Menschen eingeflossen.

Verhältnisse von Sonne und Auge im Sehen

Auge und Sonne treten zueinander in unterschiedliche Verhältnisse. Blicken wir auf den Tag: Am Morgen, wenn die Sonne im Osten erscheint, blicken wir mit ihr im Rücken in die Welt. Wir erfreuen uns an der Taufrische des Erscheinens von Stadt, Wald und Flur. Zur Mittagsstunde steht die Sonne weit über uns im Zenit. Das Auge ordnet sich unter die Allmacht der Sonne. Am Abend, wenn die Sonne mit nachlassender Kraft im Westen untergeht, dann steht ihr der Mensch sie schauend gegenüber. Das Auge kommt zu sich und entdeckt im Dunkeln sein Eigensein.

Schauen wir auf das Jahr: Im Jahreslauf wechselt das Dasein des Ich zwischen Selbst-Sein und Welten-Ich. Im Herbst und Winter hält das Ich Einkehr in die Besinnlichkeit des menschlichen Selbst. Im Frühling und Sommer weitet sich das Selbst durch die Sinne nach außen in die Welt und wird ins Welten-Ich erhoben.

Und schließlich: Die Bewusstseinsgeschichte. Sie ist darauf angelegt, dass die Kraft der äußeren Sonne nachlässt und die der inneren wächst (siehe Abschnitt «Stabübergabe» im Exkurs: Wie ist unsere Wirklichkeit konstituiert?).

Beschrieben ist je eine Verwandlung des Weltengrundes – der sich im «ich erlebe» wiederfinden und der das ‹ich› zum ‹Ich› erheben kann. Das ‹Ich› tritt personifiziert in mir auf und ich erlebe mit mir den Weltengrund, die Sonne. Sonne und Auge stehen sich nicht mehr gegenüber, sondern sind eins: Zur Mitternacht schaut sich die Sonne.

Ich-Bewusstsein

I m Weltereignis des Sehens findet sich die Welt und findet sich der Mensch. Der Mensch erfährt sich als Welt, die Welt erfährt sich als individualisierter Mensch.

Im Sehen blicken die Sonne (das Auge Gottes) und das menschliche Auge in dieselbe Richtung. Das Sehen Gottes ist mit unserem Sehen (oder mit Bezug auf die vorhergehenden Abschnitte: Das ‹Sinnen› Gottes ist mit unserem ‹Sinnen›) vereint. Die Welt erhellt sich und leuchtet auf, sie erscheint und glänzt. Wir erfahren die Welt dank dem Auge Gottes, sozusagen aus ‹Gottes Gnaden›.

Heute, im Zeitalter der Bewusstseinsseele, gilt aber auch umgekehrt: In unserem Schauen findet der Sonnengott, das Weltenlicht oder auch der Weltengeist zu sich selbst. Rudolf Steiner beschreibt die Bewusstseinsseele als das Milieu, in dem der Weltengeist sich seiner selbst im individuellen Menschen-Ich bewusst wird: «Die Kraft, welche in der Bewusstseinsseele das Ich offenbar macht, ist ja dieselbe wie diejenige, welche sich in aller übrigen Welt kundgibt. [...] In dem, was die Bewusstseinsseele erfüllt, tritt dieses Verborgene hüllenlos in den innersten Seelentempel.»[93] Der Mensch «muss sie [die Weltengeistigkeit] in sich selbst erkennen; dann kann er sie auch in ihren Offenbarungen finden.»

Das Welten-Ich kommt im Menschen-Ich zu Bewusstsein; das Menschen-Ich findet sich im Welten-Ich.

Jedes Tagwerden ist mein Tagwerden – mein Sonnenaufgang. Was ich zu sehen bekomme, ist meine Welt. Diese leuchte mir auf. Dass es mir dabei hell wird bzw. dass ich ein Lichterleben habe, das liegt daran, dass ich eine ‹versteckte› Erkenntnis habe (siehe hierzu Exkurs: Wie ist unsere Wirklichkeit konstituiert?).

Das Erscheinen der Welt mit dem Morgengrauen ist Bild dieses Widerfahrens von Erkenntnis.

Das Sinnliche ist Bild, das Erlebnis ist ‹Licht›. Licht ist Erkenntnisvollzug der Welt durch mich hindurch, mit meiner Anwesenheit und Zeugenschaft. Durch mich hindurch und mit mir durchsetzen Gedankenwesen, Ideenlichter die Sinneswahrnehmungen.

Rückblick auf den bisher gegangenen Weg

Welchen Weg sind wir – seit der Aufdeckung der Konstitution der Wirklichkeit – gegangen, und wo sind wir derweil angelangt?

Wir haben durch verschiedene Phänomene des Lichtes gesehen, dass wir zwischen drei Polaritäten unterscheiden müssen:

- zwischen Licht und Schatten
- zwischen sichtbar und unsichtbar
- zwischen diesseits und jenseits.

Wir sind auf diesem Wege darauf gekommen, dass es eine gegenseitige Zuneigung von Sinneswahrnehmbarem und Beleuchtendem geben muss, damit Welt aus dem Jenseits ins Diesseits treten kann; das heißt aber nichts anderes als ‹geboren zu werden› oder eben sinnliche Wirklichkeit zu werden.

Unsere Welt des Tageslichtes ist eine geborene Welt. Diese Welt des Tageslichtes besteht aus Augenlicht, Himmelshelligkeit, Sonnenlicht und schließlich Bewusstseinslicht. Alle vier Lichter, ja die ganze sichtbare Wirklichkeit spielt sich in dem, mit dem und durch das sehende Auge ab. Das gilt aber nicht nur für das Auge: Alle Sinne sind auf diese vier Arten von ‹Licht› angewiesen. Welt stellt sich durch ein Anwesendsein der Sonne in den zwölf Sinnen dar. *Diese Darstellung der Welt in den Sinnen ist Licht.*

Stellen wir uns vor diesem Hintergrund erneut die Frage, ob wir Licht sehen können oder nicht. Wenn Licht die Sinne ist, wie steht es dann mit der Aussage, dass Licht übersinnlicher Natur, also unsichtbar sei? Wie kann etwas, das selbst unsichtbar ist, sich doch im Sichtbaren der Sinne zeigen? Sehen wir letztlich nicht doch nur die hellen und leuchtenden ‹Gegenstände›? Ist das Licht selbst eben nicht doch nur ein Erlebnis in der Innenwelt, in der Seele des Sehenden? Ist unser Tages-Licht also doch letztlich unsichtbar?

Licht sehen oder schauen

Unsere ganze Untersuchung des Lichtes ging von der Frage aus, ob Licht sichtbar ist oder nicht. Immer wieder haben wir die Antwort auf diese Frage schon gestreift, immer wieder beschrieben wir das Licht als sichtbar, um es im nächsten Augenblick doch wieder als unsichtbar einzustufen. Wir haben uns hier mit dem Pragmatismus begnügt, dass das Gemeinte schon aus dem jeweiligen Zusammenhang ersichtlich ist.

Kehren wir nun – nachdem wir tiefe Einblicke in das Wesen des Lichtes machen durften – abschließend zu dieser Ausgangsfrage zurück.

Phänomenologisch (und nicht ‹logisch›) gehört es durchaus zum Rahmen der Ausgangsformulierung – «Licht sei ein Phänomen des Sehens» –, dass sich das Licht auch unsichtbar verhalten kann: Licht ist ein Phänomen des Sehens und unter Umständen doch nicht sichtbar. Es macht dann durch seine Augenfälligkeit im sinnlichen Aufscheinen von seiner Anwesenheit reden. Anwesendes Licht tritt nämlich dann als unsichtbar auf, wenn es sich nicht mit etwas verbindet, das mit ihm zusammen die Welt der Helligkeit generiert. Wir kennen das alle, dass zwischen der Taschenlampe und dem Lichtfleck auf dem beleuchteten Objekt ‹nichts› zu sehen ist – es sei denn, ‹etwas› gerät ins unsichtbar anwesende Licht zwischen Taschenlampe und Wand und zeugt nun von dieser Anwesenheit durch sein Aufleuchten (etwa ein Staubpartikel).

Möglicherweise sollten wir angesichts dieses Paradoxons die Formulierung «Licht sei ein Phänomen des Sehens» dazu bereit sein, unseren Begriff des Sehens (und des Lichtes) verwandlungsoffen zu halten.

Hierbei meint ‹Begriff› nicht bloß eine nominalistische, exakte Benennung, sondern ein real(istisch)es Verhältnis zur Welt, eine Anschauung.[94] Es geht um den wirksamen Blick nach außen, um mit Novalis zu sprechen;[95] es geht darum, das Sehen in seiner Vielschichtigkeit zu erkennen und jeder Schicht eine eigene Wertigkeit zuzugestehen.[96] Somit kann am Ende durchaus herauskommen, dass die Aussagen «Licht ist unsichtbar» und «Licht ist sichtbar» nicht im Widerspruch stehen und es vielmehr Aufgabe ist, die Art des jeweils in Betracht gezogenen Sehens zu durchschauen.

Nehmen wir für das Gemeinte und Gesuchte als Orientierungshilfe das viel zitierte Gespräch zwischen Schiller und Goethe zur Urpflanze[97] und achten dabei darauf, wie sich der Inhalt des Sehens verwandelt. Goethe berichtet hierüber in seinem Selbstzeugnis «Glückliches Ereignis» wie folgt:

«Schiller zog nach Jena, wo ich ihn ebenfalls nicht sah. Zu gleicher Zeit hatte Batsch durch unglaubliche Regsamkeit eine naturforschende Gesellschaft in Tätigkeit gesetzt, auf schöne Sammlungen, auf bedeutenden Apparat gegründet. Ihren periodischen Sitzungen wohnte ich gewöhnlich bei; einstmals fand ich Schillern daselbst, wir gingen zufällig beide zugleich heraus, ein Gespräch knüpfte sich an, er schien an dem Vorgetragenen teilzunehmen, bemerkte aber sehr verständig und einsichtig und mir sehr willkommen, wie eine so zerstückelte Art, die Natur zu behandeln, den Laien, der sich gern darauf einließe, keineswegs anmuten könne.

Ich erwiderte darauf, dass sie den Eingeweihten selbst vielleicht unheimlich bleibe und dass es doch wohl noch eine andere Weise geben könne, die Natur nicht gesondert und vereinzelt vorzunehmen, sondern sie wirkend und lebendig, aus dem Ganzen in die Teile strebend darzustellen. Er wünschte hierüber aufgeklärt zu sein, verbarg aber seine Zweifel nicht; er konnte nicht eingestehen, dass ein solches, wie ich behauptete, schon aus der Erfahrung hervorgehe.

Wir gelangten zu seinem Hause, das Gespräch lockte mich hinein; da trug ich die Metamorphose der Pflanzen lebhaft vor und ließ, mit manchen charakteristischen Federstrichen, eine symbolische Pflanze vor seinen Augen entstehen. Er vernahm und schaute das alles mit großer Teilnahme, mit entschiedener Fassungskraft; als ich aber geendet, schüttelte er den Kopf und sagte: ‹Das ist keine Erfahrung, das ist eine Idee›. Ich stutzte, verdrießlich einigermaßen; denn der Punkt, der uns trennte, war dadurch aufs strengste bezeichnet. Die Behauptung aus Anmut und Würde fiel mir wieder ein, der alte Groll wollte sich regen;[98] ich nahm mich aber zusammen und versetzte: ‹Das kann mir sehr lieb sein, dass ich Ideen habe, ohne es zu wissen, und sie sogar mit Augen sehe›.»

In einem ersten noch naiven Weltverhältnis erscheinen Pflanzen als sinnliche ‹Gegenstände›: *Ich ‹sehe› (vorstellend) Pflanzen.*

In einem zweiten, mehr reflektiven Schritt wird die Pflanze in ihrem Gesamt-wesen als Idee aufgefasst. Es muss ja etwas in mir geben, mithilfe dessen ich alle Pflanzen als solche zu erkennen vermag. Genau so beschreibt es Goethe auf seiner italienischen Reise: «Palermo, Dienstag, den 17. April 1787. Es ist ein wahres Unglück, wenn man von vielerlei Geistern verfolgt und versucht wird! Heute früh ging ich mit dem festen, ruhigen Vorsatz, meine dichterischen Träume fortzusetzen, nach dem öffentlichen Garten, allein eh' ich mich's versah, erhaschte mich ein anderes Gespenst, das mir schon diese Tage nachgeschlichen. Die vielen Pflanzen, die ich sonst nur in Kübeln und Töpfen, ja die größte Zeit des Jahres nur hinter Glasfenstern zu sehen gewohnt war, stehen hier froh und frisch unter freiem Himmel, und indem sie ihre Bestimmung vollkommen erfüllen, werden sie uns deutlicher. Im Angesicht so vielerlei neuen und erneuten Gebildes fiel mir die alte Grille wieder ein, ob ich nicht unter dieser Schar die Urpflanze entdecken könnte. Eine solche muss es denn doch geben! Woran würde ich sonst erkennen, dass dieses oder jenes Gebilde eine Pflanze sei, wenn sie nicht alle nach einem Muster gebildet wären?» Schiller gegen-über trägt er freilich schon eine deutlich klarer umrissene Anschauung der Urpflanze vor. Am 8. Juni des gleichen Jahres schreibt er aus Rom an Charlotte von Stein: «Sage Herdern, dass ich dem Geheimnis der Pflanzenzeugung und -organisation ganz nahe bin und dass es das einfachste ist, was nur gedacht werden kann. Unter diesem Himmel kann man die schönsten Beobachtungen machen. Den Hauptpunkt, wo der Keim steckt, habe ich ganz klar und zweifellos gefunden; alles übrige seh' ich auch schon im ganzen, und nur noch einige Punkte müssen bestimmter werden. Die Urpflanze wird das wunderlichste Geschöpf von der Welt, um welches mich die Natur selbst beneiden soll. Mit diesem Modell und dem Schlüssel dazu kann man alsdann noch Pflanzen ins Unendliche erfinden, die konsequent sein müssen, das heißt, die, wenn sie auch nicht existieren, doch existieren könnten und nicht etwa malerische oder dichterische Schatten und Scheine sind, sondern eine innerliche Wahrheit und Notwendigkeit haben. Dasselbe Gesetz wird sich auf alles übrige Lebendige anwenden lassen.»

Schiller fasst im bedachten «Glücklichen Ereignis» diese «Urpflanze» Goethes, diese ‹innere Pflanze›, zunächst ‹bloß› als eine Idee auf, in dem Sinne: *Ich ‹denke›* *Pflanze*, aber was ich denke, ist ein schales Abbild der Natur und hat mit dem Wesen der Sache wenig zu tun. Die Idee hilft mir allenfalls dazu, das draußen Gegebene zu benennen, zu registrieren.

In einem dritten Schritt aber wird gerade diese innere Pflanze zum Licht in der sinnlichen Anschauung: Erst jetzt realisiere ich (die Idee) ‹Pflanze› in ihrer konkreten sinnlichen Erscheinung, *ich ‹schaue› Pflanze* (siehe Exkurs: Wie ist unsere Wirklichkeit konstituiert?). Aus dem heraus kann Goethe Schiller antworten, dass er die Idee mit Augen sehe und Ideen habe, ohne es zu wissen.

Die sinnliche Pflanze verklärt sich dabei – sinnlich-sittlich erfasst – vom ‹an sich gegebenen Gegenstand› zur sinnlichen Erscheinung der Idee. Wie weit diese Verklärung gedeiht, hängt davon ab, wie tiefgehend ich die Idee der Pflanze schon in mir ausgebildet habe und wie sehr ich diese Ausbildung im Moment der sinnlichen Anschauung auch vergegenwärtigen kann.

Versuchen wir über das Beispiel des Sonnen-Glanzes auf grünen Blättern eine anschauliche Brücke zum Licht zu schlagen. Jeder kennt dieses Aufleuchten der Blattoberfläche im Licht. Unreflektiert hingeschaut meine ich, dass ich aufscheinendes Licht sehe. Besinne ich aber – erkenntnistheoretisch – diesen Moment, dann muss ich mir zugestehen, dass ich sinnlich einen hellgrünen bis weißen Bereich auf der Blattfläche wahrnehme, und dass der Eindruck des ‹Lichtes› ein sekundärer ist (der allerdings nicht so einfach zu erklären ist). Abstrakt gedacht komme ich vielleicht zu der Meinung, dass dieser ‹Licht›-Eindruck nur von einer zu starken ‹Intensität› des Weißes herrühre und ich mir dazu noch die rein subjektive, nominalistische (im Gegensatz zur realistischen) Idee vorstelle und bilde, dass ich ‹Licht› sähe. Licht wäre in diesem Extrem also nur eine Einbildung von mir, nur eine ‹Idee›.

Anlass zu bedenken, dass es sich allerdings doch um mehr als eine bloße Idee handeln könne – die sich ja nur in ‹meinem Kopfe› abspielen solle –, kann mir die Einsicht werden, dass sich diese Idee in der Welt – genauer: im Sinnlichen – als wirksam erweist. Ich sehe eben nicht ‹Weiß auf Grün›, sondern ‹Lichtfleck›. Ich sehe weder ‹Weiß› noch ‹Blatt›, sondern Licht. Diese Einsicht kann zur Verwandlung des Sehens beitragen: Ich ‹schaue› nun das, was vorher ‹Idee› war. Es ist im Sehen wirksam. Die Idee wird zum ‹Ideenlicht›. In unserem besonderen Falle wird das Licht selbst zu diesem Ideenlicht – und erscheint an einem Anlass gebenden, sinnlichen Ort, dem grünen Blatt. Das Weiß des rein sinnlichen, physischen Sehens opfert sich gleichsam hin, um verwandelt, verklärt als Licht zu erscheinen. Licht zeugt von der Anwesenheit der Sonne (Gottes) in mir und meiner selbst im Sehen.

Einem Maler steht in seinem Malkasten kein ‹Licht› zur Verfügung, das er auf die Leinwand ‹pinseln› könnte. Licht ist nicht stofflicher Natur, es ist nicht-stofflicher Natur. Es lässt sich nicht mit dem Pinsel im Farbkasten mischen; es mischt sich dennoch ins Sehen ein. Wie verklärt ein Maler das Weiß zum Licht (wie Rembrandt etwa)? Das scharfe Nebeneinandersetzen von Dunkelheit und Helligkeit gibt noch längst keinen Eindruck von ‹Licht›. Dem Betrachter wird erst dann Licht erlebbar, wenn der Zusammenhang zu einer ‹Lichtquelle› deutlich wird. Und zwar dem Schauen deutlich wird, nicht bloß dem logischen, kombinierenden Denken. Zusammenhänge sind immer übersinnlicher Natur; Zusammenhänge sind Sache des Denkens, und nicht des physischen Sehens. Sehen wir einen Lichtfleck auf einem Laubblatt, so sehen, besser schauen wir einen Zusammenhang zur Sonne mit Augen und haben in der Seele einen Gedankenzusammenhang, ohne es zu wissen – um es in der Goetheschen Sprache zu formulieren. Indem der Maler den übersinnlichen Zusammenhang zu einer (zudem oft gar nicht auf der Leinwand abgebildeten) Lichtquelle gleichsam ins Bild hineinmalt, west in diesem Licht an. Die Farben werden zu Lichterscheinungen verklärt, in einen ‹höheren› Zusammenhang hineingehoben – und so auch wir als Betrachter.

Dass allerdings erst das Sonnenlicht – aufgefasst als Maler (siehe Exkurs: Lichtmess) – es vermag, uns wirklich zu blenden und wahrlich ‹sichtbar› zu leuchten, das zeugt von dessen Über-Macht: Nur dieser Maler vermag dem Licht zum Durchbruch in die sinnliche Welt zu verhelfen, ohne das Licht dabei ins Physisch-Sinnliche herab zu zwingen, sondern im Gegenteil dabei das Physisch-Sinnliche zu einer Lichterscheinung zu verklären.

Fassen wir zusammen: In einer ersten (naiven) Stufe ‹glaube› ich, dass das Licht sichtbar sei, *ich stelle es mir vor.* In einer zweiten (reflektiven) Stufe, muss ich meinem Denken folgend sagen, dass das Licht unsichtbar ist und ich sehend nur das Weiß auf dem Grün erfasse (was für die aus dem ersten Schritt vorstellungsgewohnte Seele oft gar nicht so einfach ist, wirklich ins Sehen zu bekommen): *Ich denke Licht.* In der dritten Stufe aber komme ich doch zu der Überzeugung, dass das Licht sichtbar sei: *Ich schaue Licht.* Das Licht zeugt nun in seinem Glanz, in seiner Glorie, in seinem Scheinen von sich selbst.

In diesem Dreischritt wandelt sich die naive Gegenstandswelt in eine Wirklichkeit, die in Wahrheit geistiger Natur ist. Wie grundlegend dieser Schritt ist, wird deutlich an einer autobiografischen Notiz Rudolf Steiners zum Anliegen seines Buches «Die Philosophie der Freiheit». Er versuchte dort zu zeigen, «dass nicht hinter der Sinneswelt ein Unbekanntes liegt, sondern in ihr die geistige Welt. Und von der menschlichen Ideenwelt suchte ich zu zeigen, dass sie in dieser geistigen Welt ihren Bestand hat. Es ist also dem menschlichen Bewusstsein das Wesenhafte der Sinneswelt nur so lange verborgen, als die Seele nur durch die Sinne wahrnimmt. Wenn zu den Sinneswahrnehmungen die Ideen hinzuerlebt werden, dann wird die Sinneswelt in ihrer objektiven Wesenhaftigkeit von dem Bewusstsein erlebt. Erkennen ist nicht ein Abbilden eines Wesenhaften, sondern ein Sich-hinein-Leben der Seele in dieses Wesenhafte [sodass die Seele begabt, fähig wird etwas zu sehen, was sie zuvor nicht sah; dass die Seele ein Ideenlicht in ihren Blick bekommt, mit dem sie zuvor die Welt noch nicht hatte beleuchten können (Anm. HCZ)]. Innerhalb des Bewusstseins vollzieht sich das Fortschreiten von der noch unwesenhaften Sinnenwelt zu dem Wesenhaften derselben. So ist die Sinnenwelt nur so lange Erscheinung (Phänomen), als das Bewusstsein mit ihr noch nicht fertig geworden ist. In Wahrheit ist die Sinneswelt also geistige Welt; und mit dieser erkannten geistigen Welt lebt die Seele zusammen, indem sie das Bewusstsein über sie ausdehnt. Das Ziel des Erkenntnisvorganges ist das bewusste Erleben der geistigen Welt, vor deren Anblick sich alles in Geist auflöst.»[99]

Wirklichkeit erhält ihren Realitätscharakter nicht aus dem Sinnlichen, sondern aus der Anschauung des Geistigen im Sinnlichen, sie ist eine Erkenntnis (vgl. Exkurs: Wie ist unsere Wirklichkeit konstituiert?). Vom Geistigen aus also erhält das, was wir Wirklichkeit nennen, seinen Überzeugungs-Charakter. «Die Wahrnehmung ist [...] nichts Fertiges, Abgeschlossenes, sondern die eine Seite der totalen Wirklichkeit. Die andere Seite ist der Begriff. Der Erkenntnisakt ist die Synthese von Wahrnehmung und Begriff. Wahrnehmung und Begriff eines Dinges machen aber erst das ganze Ding aus.»[100]

Mit jedem der drei beschriebenen Schritte verwandelt sich auch mein Sehen: Ich sehe Licht naiv gegenständlich (vorstellen); ich sehe Licht als Idee (denken); ich sehe Licht als ein im Sehen anwesendes Geistiges (schauen). Das rein Sinnliche wird dabei erhoben und

verklärt, nicht bloß für die Idee, sondern bis ins sinnliche Anschauen hinein – und das Licht
selbst erweist sich der seelischen Beobachtung als anwesend, als Parusie.

Da nun das Licht ein Phänomen des Sehens ist – und da Sehen und Licht geschwisterlich vereint sind –, verwandelt sich auf diesem Wege auch dasjenige, was wir Licht nennen: Licht als Vorstellung, Licht als Idee, Licht als sichtbare Erscheinung, wobei wir freilich erst im dritten Schritt bei der wahren Wirklichkeit angelangt sind.[101]

Randbemerkung: Licht – Auf der Schwelle

«Hesiod hatte, noch an der Schwelle des Mythos, aus dem Chaos nicht nur Gaia und Eros, nicht Tartaros nur entstehen lassen, sondern auch Erebos und die schwarze Nacht, aber aus dieser den göttlichen Äther und die Helle des Tages (Theogonie 116–126). Damit war die Polarität konstituiert, die den Kosmos ebenso wie die Seele des Menschen bestimmt: die Mächte von Schwärze und Licht. Ähnlich hatte Parmenides die Welt aus der primordialen Dynamik von Licht und Nacht hervorgehen lassen. Er eröffnet sein Lehrgedicht mit einer ungeheuren Initiation: dem ursprünglichen Überschreiten jenes liminalen Schwellenraumes, der das Haus der Nacht von der ätherischen Sphäre des Lichtes trennt. Das ist Anfang der Welt und Initiation der Erkenntnis in einem. Philosophie ist fortan Licht-Botschaft. Licht und Bewußtsein sind homolog. Entgegengesetzt der unnennbaren, unwissenden Nacht, einer dichten und schweren Gestalt, ist das ätherische Feuermeer, das milde, überaus behende, überall mit sich selbst identisch, doch mit dem anderen nicht identisch. Derart ist die Stille des Lichts die erste Hypostase des Geistes, unentschieden auf der Schwelle von Immateriellem und Materiellem, und das Medium der Darstellung von allem anderen, ohne dieses andere zu sein. Nicht nur die Philosophie will Reflexion dieses göttlichen Lichtes sein, sondern die Kunst wird fortan zur

Nachahmung dessen, dass das Licht das Schaffende des Augenfälligen ist.»

Aus: Hartmut Böhme: Das Licht als Medium der Kunst. Über Erfahrungsarmut und ästhetisches Gegenlicht in der technischen Zivilisation. Antrittsvorlesung an der Humboldt-Universität zu Berlin am 2. November 1994. Band 66 von Universität Berlin, Humboldt-Universität: Öffentliche Vorlesungen.

Synthese statt Analyse

Mit diesem letzten Kapitel soll der ‹Rück-Blick› auf den verfolgten methodologischen Ansatz dieses Essays gelenkt werden.

Am 23. August 1794 – also nach dem von Goethe als «Glückliches Ereignis» beschriebenen Dialog über die Urpflanze – schreibt Schiller an Goethe:

«Man brachte mir gestern die angenehme Nachricht, dass Sie von Ihrer Reise wieder zurückgekommen seien. Wir haben also wieder Hoffnung, Sie vielleicht bald einmal bei uns zu sehen, welches ich an meinem Teil herzlich wünsche. Die neulichen Unterhaltungen mit Ihnen haben meine ganze Ideenmasse in Bewegung gebracht, denn sie betrafen einen Gegenstand, der mich seit etlichen Jahren lebhaft beschäftigt. Über so manches, worüber ich mit mir selbst nicht recht einig werden konnte, hat die Anschauung Ihres Geistes (denn so muss ich den Totaleindruck Ihrer Ideen auf mich nennen) ein unerwartetes Licht in mir angesteckt. Mir fehlte das Objekt, der Körper, zu mehreren spekulativischen Ideen, und Sie brachten mich auf die Spur davon. Ihr beobachtender Blick, der so still und rein auf den Dingen ruht, setzt Sie nie in Gefahr, auf den Abweg zu geraten, in den sowohl die Spekulation als die willkürliche und bloß sich selbstgehorchende Einbildungskraft sich so leicht verirrt. In Ihrer richtigen Intuition liegt alles und weit vollständiger, was die Analysis mühsam sucht, und nur weil es als ein Ganzes in Ihnen liegt, ist Ihnen Ihr eigener Reichtum verborgen; denn leider wissen wir nur das, was wir scheiden. Geister Ihrer Art wissen daher selten, wie weit sie gedrungen sind und wie wenig Ursache sie haben, von der Philosophie zu borgen, die nur von Ihnen lernen kann. Diese kann bloß zergliedern, was ihr gegeben wird, aber das Geben selbst ist nicht die Sache des Analytikers, sondern des Genies, welches unter dem dunkeln, aber sichern Einfluss reiner Vernunft nach objektiven Gesetzen verbindet.

Lange schon habe ich, obgleich aus ziemlicher Ferne, dem Gang Ihres Geistes zugesehen und den Weg, den Sie sich vorgezeichnet haben, mit immer erneuerter Bewunderung bemerkt. Sie suchen das Notwendige der Natur, aber Sie suchen es auf dem schwersten Wege, vor welchem jede schwächere Kraft sich wohl hüten wird. Sie nehmen die ganze Natur zusammen, um über das Einzelne Licht zu bekommen, in der Allheit ihrer Erscheinungsarten suchen Sie den Erklärungsgrund für das Individuum auf. Von der einfachen Organisation steigen Sie Schritt vor Schritt zu den mehr verwickelten hinauf, um endlich die verwickeltste von allen, den Menschen, genetisch aus den Materialien des ganzen Naturgebäudes zu erbauen. Dadurch, dass Sie ihn der Natur gleichsam nacherschaffen, suchen Sie in seine verborgene Technik einzudringen. Eine große und wahrhaft heldenmäßige Idee, die zur Genüge zeigt, wie sehr Ihr Geist das reiche Ganze seiner Vorstellungen in einer schönen Einheit zusammenhält.»

Abgesehen davon, dass auch in diesem epochalen Brief Schillers viel von Licht die Rede ist, soll hier das Augenmerk auf die Methodik gelenkt werden: Goethes Methode sei keine analytische, sondern eine nachschaffend-intuitive. Noch skizziert hier Schiller die Analyse als den Weg des Bewusstseins, des Wissens: Wir wüssten nur, was wir scheiden. Dem Analytiker ginge indes nur allzu leicht abhanden, was er als ursprünglich Ganzes zu fassen versuche.

Und so können wir aus dem bisherigen Gang der Betrachtungen nicht umhin, nochmals zu betonen, wie wichtig die anfängliche Bemerkung ist, dass wir nicht mehr beim Licht sind, sobald es uns aus dem Sehen herausgerät. Wir sind nur dann synthetisch-genial, wenn wir im Sinne Schillers (bzw. Goethes) das Licht im Auge, im Sehen bewahren.

Vor diesem Hintergrund besteht die Aufgabe darin, Lichtphänomene in ihrem (Ge)Sehen-Sein zu erfassen. Wenn ich z.B. die Kerzenflamme durch das Zusammenkommen von Licht und Finsternis erklären will (z.B.: am meisten Ruß an der Kreide dort, wo die Flamme am hellsten leuchtet), so gerate ich in ein analytisches Verhältnis zur Flamme, und behaupte anschließend, die Flamme bestünde aus Finsternis und (unsichtbarem) Licht. Georg Maier formulierte daher auch sachgemäß: «Ruß ist sehr schwarz. Wir können Ruß aus dem glühenden ‹Eigenhell› der Flamme herausholen. Im Eigenhell des glühenden Körpers äußert sich Innerlichkeit.»[102]

Im Sehen der Flamme habe ich eben keine Finsternis-Erfahrung. Ich sehe gelbe, blaue, rötliche und weißliche Farben, denen sich das Erlebnis Licht zugesellt. Die Flamme besteht aus ihrem ‹Flammen›, aus ihrem ‹Leuchten› und ‹Hitzen›. Wir müssten also vielmehr fragen: Worin bestehen diese Erlebnisse?

Ganz ähnlich scheiden wir uns vom Licht in dem Moment, in dem wir Licht als ein Phänomen betrachten, das sich draußen im Raum ereigne, etwa dann, wenn wir von einem Versuchsaufbau ausgehen, der aus einer Lichtquelle und einem von der Quelle beleuchteten Gegenstand besteht. Wir tun dabei so, als sei das Licht außerhalb unseres Auges objektivierbar.

Jeder Phänomenologe aber weiß, welchen Gewinn er gerade auch aus solchen ‹externalisierten Experimenten› ziehen kann, wenn er sie nur wieder in ein Ganzes, in ein Wesensbild des Lichtes zu heben, wenn er sie doch bis ins Sehen zurückzuverfolgen vermag. Wo soll auch die Grenze gezogen werden? Die Betrachtung des ‹Lichtstrahles›, das Beobachten der Flamme einer Kerze, der Verfolg der Morgenbeobachtung – sind dies keine ‹Experimente›?

Wie kann es bei all dem gelingen, dass das Licht als Erlebnis des Auges bewahrt bleibt? Wie sähe ein diesbezügliches Vorgehen aus, sodass es nicht nur beschreibend, bildhaft oder metaphorisch gerät, sondern anschaulich (schauend) wird?

Eine Grundmaxime dafür ist es, die an den Erscheinungen gebildeten Begriffe vorstellungsfrei (und damit *geistig*) aufzufassen: Der Alltagsmensch «bildet sich [...] ein Weltbild, das des Wesens entbehrt. Dieses Weltbild ist in Wahrheit eine Illusion. Sinnlich wahrnehmend steht der Mensch vor der Welt als einer Illusion. Wenn aber aus seinem Innern zu der sinnlichen Wahrnehmung das sinnlichkeitsfreie Denken nachrückt, dann durchtränkt sich die Illusion mit Wirklichkeit; dann hört sie auf, Illusion zu sein. Dann trifft der in seinem Innern sich erlebende Menschengeist auf den Geist der Welt, der für den Menschen nun nicht hinter der Sinneswelt verborgen ist, sondern in der Sinneswelt webt und west.»[103]

Der vorliegende Essay ist ein Versuch in dieser Richtung, zu dem die Vorgehensweise des Lehrers und Freundes Georg Maier wegbereitend war.[104]

Abschluss

In diesem Essay ging es darum, das Licht neu zu entdecken. Hierbei ist ein Mittelweg zwischen einer materialistischen Auffassung des Lichtes (Wellen, Teilchen, Quanten ‹da draußen›) und einer rein spirituellen Auffassung des Lichtes (Licht ist ein unsichtbares seelisch-geistiges Erlebnis) gesucht und gefunden worden.

Licht ist ein paradoxes Phänomen: Es macht ja keinen Sinn, von Licht zu sprechen, wenn wir es nicht im Sehen erfahren; und dennoch ist das Licht selbst nicht sinnlicher Natur. Wir müssen das Licht in einer sinnlich-übersinnlichen Form aufsuchen, um es seinem eigenen Wesen gemäß erleben zu lernen – und damit auch: um dem Licht einen eigenen Bestand und ‹Raum› zu gewähren. Dieses Licht ist weder bloß materieller noch rein geistiger Natur. Licht ist eine ‹ätherische› Erscheinung und Erfahrung. Dieses Licht zeigt eine mehrfache Dreigliederung:

- Es besteht ‹naturgegeben› aus dem Augenlicht des Sehenden, aus der Helligkeit des Himmels (und der Sinne) sowie aus dem (Ideen)Licht der Sonne. Zu diesen drei Lichtern gesellt sich das Bewusstseinslicht. Alle vier zusammen vereinen sich am Tage zu einem Licht.
- Das Licht kann hart, kühl und kantig sein (Bise); es kann die Welt differenziert in Physisches, Seelisches und Geistiges zur Erscheinung bringen (Normalwetter); es kann das Sinnliche in all seiner Pracht und Fülle und Schönheit betonen (Föhn).
- Es kann selbstlos sein, indem es die Welt erscheinen lässt (Morgendämmerung); es kann in einem glorreichen und harmonischen Einklang an den Dingen aufglänzen; es kann blenden und dadurch selbstbezogen auftreten.
- Es kann materialistisch aufgefasst werden: als Welle, Korpuskel, Energie, Wahrscheinlichkeit, Quantum außerhalb von uns im dreidimensional vorgestellten Raum. Als nicht gesehenes Licht entbehrt es allerdings dabei seines Lichtcharakters (Ahriman). Licht kann als etwas rein Geistiges aufgefasst werden, wobei auch hier der Sinnesbezug abhanden kommt (Luzifer). Oder man blickt auf das Licht,

das uns als Erdenmenschen eben ‹Licht› spendet. Dieses Licht ist im Sinnlichen übersinnlich, es ist als Übersinnliches so im Sinnlichen anwesend, dass das Sinnliche dabei zum Licht verklärt wird. Um dieses (Christus-)Licht muss es uns als Erdenmenschen gelegen sein.

Drei Augen, drei Sehen, drei Lichter

Im Umkreis
Das diffuse Licht des bläuenden Himmels; das zentrale Licht der Sonne; dazwischen die ätherischen Farben des Regenbogens.

Im Sehen
Die diffuse Aufmerksamkeit auf den Umkreis; die fokussierende Aufmerksamkeit; dazwischen das schauende Erleben der Welt.

Im Auge
Das umfassende Augenweiß; die punkthafte Pupille; dazwischen die farbige Iris.

***

Himmel – Helligkeit – Sinneswahrnehmung
Sonne – Leuchten – Ideenlicht
Bewusstsein – Wirklichkeit – Ich

***

«... Du meine Seele sei dankbar dem Licht
Es leuchtet in ihm des Gottes Macht ...»

Ausschnitt aus einem Morgenspruch von Rudolf Steiner

Nachwort

Um nicht missverstanden zu werden: Ich will mich mit der hier versuchten Blickwendung nicht in Opposition zur forschenden und suchenden Gemeinschaft setzen. Dazu fühle ich mich allzu sehr als Mitforschender und Suchender unserer Zeit. Ich erlebe es vielmehr so, dass ich als ein solcher Mitforschender/Sucher – also ein zunächst in dieselbe Richtung Gehender – bemerke, dass etwas mit der von uns eingeschlagenen Richtung einfach nicht stimmen kann. Es ist also mehr ein Apell und ein Aufruf an uns alle – inklusive meiner selbst –, den eingeschlagenen Weg noch einmal grundsätzlich auf seine Erkenntnisgrundlagen zu besinnen und – insofern dann folgerichtig – auch eine Richtungsumkehr einzuleiten.

Dieser Apell entstammt nicht einem Glaubensimpuls, er folgt auch keiner politischen oder sonstigen Interessenslobby, sondern allein dem eigenen Denk- und Beobachtungsvermögen. Dessen innerer Stringenz folge ich gleichsam wie einem inneren Ruf. Der mit diesem Buch-Essay verbundene Apell ist daher alles andere als eine Glaubensverfechtung, er ist vielmehr eine unvermeidliche, innere, ‹phänomenologische› Konsequenz des Beobachteten und Bedachten.

Der Essay möchte in seiner Art des Vorgehens aber auch die Urteilsfähigkeit des eigenen Denkens und das Vertrauen in die eigene Beobachtung wieder festigen. Der – im Gegensatz zum hier erprobten subjektbezogenen Standpunkt – heute gängige objektbezogene Forschungsansatz hat dazu beigetragen, beides zu schwächen. Wir trauen weder unserem eigenen Denken zu, irgendetwas zu den grundsätzlichen Erkenntnis- und Lebensfragen beitragen zu können; noch trauen wir unserer Sinnesbeobachtung zu, dass sie etwas Weltbewegendes über die Wirklichkeit erfahren kann. Was wir denken, habe maximal Modell-Wert. Und dem, was wir sinnlich beobachten, meinen wir aus mindestens zweierlei Gründen keinen Glauben mehr schenken zu können: Die Sinne seien täuschbar und, da der Mensch mit den Sinnen erlebend verbunden sei, sei alles Sinneserleben ohnehin subjektiver Natur.

Das Denken und die Sinne finden in dieser Welt des ins Abseits verwiesenen Zuschauers keine andere Perspektive mehr, als dem Machbarkeitsfortschritt und der Genussvermehrung zu dienen. Wir nisten uns damit parasitengleich in die uns fremde ‹Welt an sich› ein. Und je mehr wir dieser Richtung folgen, desto mehr lähmen wir uns ab und umso mehr suchen wir Konsum und Selbstbestätigung am sogenannten – allerdings bloß – äußeren Fortschritt.

Das Denken und unsere sinnliche Beobachtungsgabe sind dadurch in Bezug auf eine wahre Welterkenntnis und Urteilsfähigkeit belanglos geworden. Forschungsstudien etwa zum Wesen des Lichtes geraten daher oft zu einer beschreibenden, wenn es hoch kommt, zu einer vergleichenden ‹Naturgeschichte› menschlicher Ansichten zum Thema Licht. Was Licht seinem Wesen nach ist, das bleibt hierbei dennoch im Dunkeln. Dem ‹liberalen Pluralismus›, der Vielfalt von Meinungen und Ansätzen, wird das Wort geredet, die eigene Einsichtsfähigkeit wird in Abrede gestellt. Mit dieser Desillusionierung des Denkens und sinnlichen Beobachtens wird aber zur selben Zeit auch eine essentielle Eigenschaft des menschlichen Wesenskernes in Frage gestellt, nämlich die, über die bloße Bedürfnisbefriedigung hinausgehend auch ein geistiges Wesen zu sein, das durch seine eigene Denkfähigkeit imstande ist, sich am in sich sinnvollen Weltendenken zu beteiligen. In der Verneinung unserer Erkenntnisfähigkeit verneinen wir zugleich auch unsere Teilhabe an der Weltengeistigkeit. – Wie beschrieben und wie an unserer kulturellen Entwicklung ablesbar, wirkt sich eine solche Haltung fatal aus. – Dieser Entwicklung möchte das vorliegende Essay entgegenwirken und eine durch unseren eigenen Geist geführte Phänomenologie befürworten.

Dank

Mein Dank gilt all denen, die mich dazu inspiriert und bewegt haben, diesen Essay niederzuschreiben. Dank auch jenen, die mir dazu die Möglichkeit gegeben haben.

Dank an Urs Dietler und Eduard Kaeser, mit denen ich im Anfangsstadium des Manuskriptes ein wunderbar offenes, interessiertes und anregendes ‹Philosophen›-Gespräch führen durfte. Dank an Nana Badenberg, die zu einer früheren Manuskriptfassung hilfreiche und weiterführende Anmerkungen machte.

Dank an Renatus Derbidge, der das Entstehen des Buches freundschaftlich-kollegial begleitet hat. Mein Dank gilt auch der Korrektorin Karin Gaiser sowie dem Grafiker Johannes Onneken vom Atelier Doppelpunkt, mit denen ich eine ausgesprochen speditive und unkomplizierte Zusammenarbeit genießen durfte.

Zwar zuletzt und doch zuvorderst gilt mein Dank Mathias Buess. Seine Begeisterung für dieses Projekt, seine eingehende Zuwendung zum Geschriebenen und Gedachten, sein Eintauchen in die dargestellten Beobachtungen, all das hat dem ganzen Projekt zu entscheidenden Fortschritten verholfen.

Dank also – denn ohne solchen Beistand wäre das Buch nie zustande gekommen.

Endnoten

1 Siehe Arthur Zajonc: Lichtfänger. Die gemeinsame Geschichte von Licht und Bewusstsein. Zweite Auflage, Stuttgart 2015, S. 266.
2 Siehe Fußnote 1, S. 10.
3 Rudolf Steiner: Lebendiges Naturerkennen, intellektueller Sündenfall und spirituelle Sündenerhebung (GA 220), Vorträge vom 26. und 28. Januar 1923.
4 Im elektrischen Licht wirkt Unmoralisches. Wir atmen Unmoralisches durch das Auge ein, wenn wir im elektrischen Licht leben. Das gilt umso mehr, wenn wir nicht mehr auf ‹Gegenstände› schauen, die im elektrischen Licht erscheinen, sondern auf Bildschirme, die uns durchgehend mit elektrischem Licht und damit verbundenen Bildern ‹bestrahlen›.
5 Adrian Lobe: Die Neuentdeckung der Stadt. Wie die Spiele-App Pokémon Go den öffentlichen Raum verändert. Neue Zürcher Zeitung, Ausgabe vom Montag, 8. August 2016, Feuilleton, S. 27.
6 Zum Begriff des «schauenden Bewusstseins» siehe insbesondere Rudolf Steiner: Vom Menschenrätsel (GA 20), Kapitel Ausblicke.
7 Siehe z.B. Hans-Christian Zehnter: Licht und Leben. Lebendige Erde Nr. 2/2014: S. 6–7; ders.: Vögel – Mittler zweier Welten. Dornach 2006.
   Lichterscheinungen im engeren Sinne wie Nordlichter, Blitze und Regenbögen sind in schönster Weise durch Walther Bühler als ein dreigliedriger Licht-Organismus der Erde beschrieben worden (Walther Bühler: Nordlicht, Blitz und Regenbogen. Metamorphosen des Lichtes, Hamburg 1982). Johannes Kühl hat sich den atmosphärischen Erscheinungen des Lichtes in seinem Buch «Höfe, Regenbögen und Dämmerung – Die atmosphärischen Farben und Goethes Farbenlehre» (Stuttgart 2011) ausführlich gewidmet.
8 Siehe z.B. Rudolf Steiner: Grundlinien einer Erkenntnistheorie der Goetheschen Weltanschauung (GA 2); ders.: Die Philosophie der Freiheit (GA 4).
9 Rudolf Steiner: Allgemeine Menschenkunde (GA 293), Vortrag vom 23. August 1919.
10 Eduard Kaeser: Ethos des Stoffes, S. 138; in ders.: Der Körper im Zeitalter seiner Entbehrlichkeit. Anthropologie in einer Welt der Geräte. Wien 2008.
11 Rudolf Steiner: Einleitungen zu Goethes Naturwissenschaftlichen Schriften (GA 1), Kap. XVIII: «Goethes Weltanschauung in seinen ‹Sprüchen in Prosa›».
12 Rudolf Steiner: Einleitungen zu Goethes Naturwissenschaftlichen Schriften (GA 1), Kap. XVI: «Goethe als Dichter und Denker, 2. Das ‹Urphänomen›».
13 Zu den hier gebrachten Bildbeispielen und Ausführungen siehe u.a.:
   Henri Bortoft: Goethes wissenschaftliche Methode. Stuttgart 1995.
   Georg Maier, Ronald Brady and Stephen Edelglass: Being on Earth. Practice in Tending the Appearances. Berlin 2012.
14 Vgl. hierzu Hans-Christian Zehnter: Neugucker werden. Wahrnehmen, wie die Welt sich wandelt. Lebendige Erde 6/2008, S. 6–7.
15 Siehe hierzu Georg Wilhelm Friedrich Hegel: Ästhetik – Vorlesungen über die Ästhetik. Stuttgart 1971.
16 Rudolf Steiner: Die Philosophie der Freiheit (GA 4), Kap. V: Das Erkennen der Welt.

Rudolf Steiner unterscheidet dann für eine noch differenziertere Betrachtung der Wirklichkeit bzw. des Erkenntnisaktes zwischen Bild und Begriff (siehe hierzu z.B. Die Stufen der höheren Erkenntnis (GA 12).

17 Rudolf Steiner: Antworten der Geisteswissenschaft auf die großen Fragen des Daseins (GA 60), Vortrag vom 20. Oktober 1910.

18 Rudolf Steiner: Anthroposophischer Seelenkalender. Wochenspruch Nr. 38.

19 Vergleiche hierzu u.a. Wolfgang Zumdick: Der Tod hält mich wach. Joseph Beuys – Rudolf Steiner. Grundzüge ihres Denkens. Basel 2006.

20 Zu dieser Terminologie siehe u.a. Rudolf Steiner: Lebendiges Naturerkennen, intellektueller Sündenfall und spirituelle Sündenerhebung (GA 220).

21 Rudolf Steiner: Allgemeine Menschenkunde als Grundlage der Pädagogik (GA 293), Vortrag vom 23. August 1919.

22 Auszug aus Rudolf Steiner: Das Christentum als mystische Tatsache (GA 8), Kap. «Plato als Mystiker».

23 Siehe hierzu insbesondere Rudolf Steiner: Vom Menschenrätsel (GA 20), Kap. «Ausblicke».

24 Siehe hierzu u.a. die Aufsätze von Dietrich Rapp und Hans-Christian Zehnter über die zwölf Sinne in die Drei: Nr. 12/2011 bis Nr. 1/2013.

25 Rudolf Steiner: Die Rätsel der Philosophie (GA 18), Kap. «Skizzenhaft dargestellter Ausblick auf eine Anthroposophie».

26 Rudolf Steiner: Das Rätsel des Menschen (GA 170), Vortrag vom 12. August 1916.

27 Rudolf Steiner: Das Rätsel des Menschen (GA 170), Vortrag vom 20. August 1916.

28 Daher macht es auch keinen Sinn, von optischen Täuschungen zu sprechen.

29 Rudolf Steiner: Mein Lebensgang (GA 28), Kap. V.

30 Rudolf Steiner: Mein Lebensgang (GA 28), Kap. X.

31 Siehe Hans-Christian Zehnter: Wo sind Sie? Das Goetheanum Nr. 41/2011: S. 8–9; ders.: Wo ist der Andere? Das Goetheanum Nr. 13–14/2012, S. 8–9.

32 Rudolf Steiner formuliert diese Gegebenheit sehr deutlich: «Das, was er [der Mensch] so als seine äußere Gestalt ist, das sehen Sie gar nicht in Wirklichkeit, dem treten Sie gar nicht mit Ihrem physischen Wahrnehmungsvermögen entgegen. [...] Der Mensch ist unsichtbar, richtig unsichtbar. [...] Wir wandeln unter unsichtbaren Menschen.» Aus: Die Sendung Michaels (GA 194), Vortrag vom 23. November 1919.

33 Vgl. Hans-Christian Zehnter: Zeitzeichen – Essays zum Erscheinen der Welt. Dornach 2011.

34 Vorläufig noch im Gegensatz z.B. zum Hören, das ein Erscheinen (Erklingen) der Welt im Bereich des Tönens ist.

35 In der hellenistischen Philosophie beschreibt ‹Parusie› ursprünglich das wirksame Gegenwärtigsein von Gottheiten und Herrschern. Platon bezeichnet damit die Anwesenheit bzw. Gegenwart der Ideen in den Dingen. Im Christentum wird die Wiederkunft Christi als Parusie bezeichnet.

36 Gernot Böhme: Atmosphäre, Kap. «Ästhetische Naturerkenntnis». Frankfurt 2013, S. 247.

37 Gernot Böhme: Für eine ökologische Naturästhetik. Kap. «Kunst als Wissensform». Frankfurt 1989.

38 Gernot Böhme: a.a.O., S. 152.

39 Carl Friedrich von Weizsäcker: Wahrnehmung der Neuzeit. München 1985, S. 137.

40 Siehe hierzu Johannes Roth: «Die Spannung zwischen diesen beiden Wahrheiten kann nicht unauflöslich sein.» – Lebensweg und -suche Carl Friedrich von Weizsäckers. Die Drei Nr. 11/2012, S. 13–23.

41 Siehe Arthur Zajonc: Lichtfänger. Die gemeinsame Geschichte von Licht und Bewusstsein. Zweite Auflage, Stuttgart 2015.

42 Wolfgang Streit: Über das Licht und die Lichtgestalt des Menschen. Die Drei Nr. 5/2016, S. 3–12.

43 Das Zitat entstammt Rudolf Steiner: Vom Menschenrätsel (GA 20), Kap. «Ausblicke».

44 Es sei an dieser Stelle explizit auf die sehr erhellenden Ausführungen von Georg Maier in seinem Buch «Optik der Bilder» im Kapitel «Licht in Nichts als weltanschauliches Prinzip», S. 112 bis 115 hingewiesen.

45 Das hier Gesagte gilt natürlich selbst dann, wenn im heutigen Teilchen-Welle-Dualismus nicht mehr von Elektronen, sondern von Photonen die Rede ist. Es geht immer um eine Energie im Vorstellungskontext des Elektrischen; und immer wird diese Welt der Subteilchen oder auch Subenergien in der Richtung vorgestellt, wo unser naives Bewusstsein die Welt des Gegenständlichen generiert.
    Das gilt leider auch für Aussagen von alternativen Nobelpreisträgern wie dem Quantenphysiker Hans-Peter Dürr (siehe hierzu z.B. das Interview «Sag nie, dass etwas unmöglich ist!» mit ihm in Geseko von Lüpke: Politik des Herzens – Nachhaltige Konzepte für das 21. Jahrhundert. Gespräche mit den Weisen unserer Zeit. Engerda 2011). Hinzu kommt bei ihm noch, dass er aus den ‹Mikrowelten› der Quantenforschung allgemeingesetzliche Analogien mit Blick auf die Gegenstandswelt zieht. So wird der freie Blick in das eben nicht allgemeingesetzliche Sinnliche umgangen, während doch gerade hier das Geistige der Welt in der seelischen Selbst-Beobachtung zu finden wäre.
    Entsprechend gefährdet sind auch manche neuzeitliche Schulen des übersinnlichen Wahrnehmens. Auch hier geschieht es leider nur allzu oft, dass man nicht nur von einer Gegenstandswelt an sich ausgeht, sondern auch noch – wissenschaftsgläubig – von deren atomarer Unterlegung. Um aber das in der Welt waltende Geistige finden zu wollen, meint man sogar, sich vom Sinnlichen abwenden zu müssen, anstatt es gerade genau dort in dessen vorstellungsfreier Entgegennahme aufzusuchen.

46 Rudolf Steiner: Die Rätsel der Philosophie (GA 18), Kap. «Skizzenhaft dargestellter Ausblick auf eine Anthroposophie».

47 Vgl. Stephen Edelglass, Georg Maier, Hans Gebert and John Davy: The marriage of sense and thought. Imaginative Participation in Science. New York 1997.

48 Siehe hierzu insbesondere: Maurice Merleau-Ponty: Das Primat der Wahrnehmung. Frankfurt 2003.

49 Siehe Johann Wolfgang von Goethe: «Glückliches Ereignis».

50 Manchmal wird in diesem Essay die Trennung zwischen Augenlicht und Bewusstseinslicht nicht in aller Schärfe vollzogen. So gibt es Stellen, in denen der Begriff ‹Augenlicht› sowohl dieses als auch das Bewusstseinslicht umfasst.

51 Walther Bühler: Nordlicht, Blitz und Regenbogen – Metamorphosen des Lichtes. Hamburg 1982, S. 11.

52 Diese Betrachtungsweise wirft auch ein neues Licht auf die von uns so unreflektierte, scheinbare Binsenweisheit, dass das Mondenlicht ein ‹reflektiertes› Licht sei. Wir sehen den Mond leuchtend, nicht reflektierend. Wir wissen, wenn die Sonne von Fensterscheiben, Wasseroberflächen oder Spiegeln blendet – dies sind die Situationen, in denen wir von ‹Reflektion› sprechen –, dass das Mitleuchtende dann stets kühleren Charakter trägt als das Mitleuchtende, das in Bezug zur vom Himmel leuchtenden Sonne steht. Es handelt sich also besser gesagt um ‹verwandeltes Licht›. Vom Mond scheint ein ‹verwandeltes›, nicht ein ‹reflektiertes› Licht. Er braucht als Vorbild die Sonne.

53 Johann Wolfgang von Goethe: Zur Farbenlehre. Tübingen 1810.

54 Jaques Lusseyran: Das wiedergefundene Licht. Stuttgart 2001.

55 a) Gernot Böhme entwickelt in seinem Aufsatz «Licht als Atmosphäre» diese Situation des Sehens (ohne etwas zu sehen) an der Überblendung durch Licht (nicht also an der Finsternis). Wir haben zwar ein Erlebnis des Sehens, nämlich Licht, das blendet; wir sehen aber keine Gegenstandswelt. Sehen ist also ursprünglich eine spezifische Seinserfahrung des sehenden Subjektes. – Während sich in diesem Falle der Überblendung aber das Sehen durch die ‹Übermacht› des Sonnenlichtes erfährt, erfährt sich das Sehen im Falle der Dunkelheit durch seine eigene Leuchtefähigkeit.

b) Insofern erst dem Blinden ein Nicht-Sehen widerfährt, stellt sich auch die Frage, ob wir, die wir die Vorstellung der Dingwelt sehen und nicht das ihr zugrundeliegende seelische Erlebnis, nicht auch blind sind. Siehe hierzu Dietrich Rapp: Der Sinne Leuchtewesen. Vom Sinn des Sehens – ein Blindversuch. Das Goetheanum Nr. 1–2/2009, S. 8–10.

56 Jochen Bockemühl und Georg Maier haben für die von Rudolf Steiner unterschiedenen Ätherarten den Begriff des Zusammenhangschaffenden geprägt: Lebensäther – Lebenszusammenhang; Chemischer Äther – Verwandlungszusammenhang; Lichtäther – Erscheinungszusammenhang; Wärme – Wärmezusammenhang. Siehe hierzu Jochen Bockemühl (Hrsg.): Erscheinungsformen des Ätherischen. Stuttgart 1985; Georg Maier: Optik der Bilder. Dürnau 1986.

57 Diese Beziehungskraft lebt auch im Jahreslauf als erfüllter Zeitenstrom.

58 Georg Maier formulierte: «Dunkelheit ist Abwesenheit von Sichtbarem.» Ders.: Optik der Bilder. Dürnau 1986, S. 102.

59 Georg Maier: Optik der Bilder. Dürnau 1986, S. 105 und 109.

60 Es würde Sinn machen, statt von ‹Dingwelt› besser von ‹Sinneserfahrung› zu sprechen – dann würden Licht und Wirklichkeit auch in der Sprache immer näher zusammenrücken (siehe Exkurs: Wie ist unsere Wirklichkeit konstituiert?). – Erstaunlich ist, dass sich das Licht sogar in die Welt der Sichtbarkeit zwingen lässt: siehe Streichholz!

61 Der Mond leuchtet, die Sonne strahlt, die Sterne funkeln – die Qualitäten von Leuchten, Strahlen und Funkeln gälte es vorstellungsfrei auszuarbeiten.

62 Genauso, wie es ohne Gegenstände kein Aufleuchten des Lichtes gibt, genauso gibt es ohne Gegenstände keine Ordnung durch Räumlichkeit. Das zeigt sich wiederum im Blick in die Region der sich dem Licht zuneigenden Erscheinungen: im Luft-Licht-Bereich des Himmels. Wie oft ist es doch im Blick in die Luftsweiten uneindeutig, in welche Richtung der Vogel fliegt bzw. seine Silhouette weist.

63 Wir kommen auf diesem Wege zu einer rein phänomenologischen Herleitung und Beschreibung dessen, was wir Stoff und Licht/Geist nennen. Diese beiden Pole stehen in einem relativen und relationalem Verhältnis zueinander.

64 Vgl. Georg Maier: Mondphasen im irdischen Erscheinen. Elemente der Naturwissenschaft, Nr. 15/1971, S. 12–20. Sowie Christoph Lindenau: In der Begegnung mit der Sonne. In ders.: Staunen, Mitgefühl, Gewissen. Stuttgart 2003.

65 Hartmut Böhme: Das Licht als Medium der Kunst. Über Erfahrungsarmut und ästhetisches Gegenlicht in der technischen Zivilisation. Antrittsvorlesung an der Humboldt-Universität zu Berlin am 2. November 1994. Band 66 von Universität Berlin, Humboldt-Universität: Öffentliche Vorlesungen.

66 Teilweiser Auszug aus Hans-Christian Zehnter: Lichtmess. Das Goetheanum Nr. 6/2014, S. 5.

67 Rudolf Steiner: Exkurse in das Gebiet des Markusevangeliums (GA 124), Notizen aus dem Vortrag in Koblenz vom 2. Februar 1911.

68 Rudolf Steiner: Anthroposophische Leitsätze (GA 26): Wo ist der Mensch als denkendes und sich erinnerndes Wesen?

69 Siehe hierzu insbesondere die Forschungen von Jochen Bockemühl, z.B.: Ein Leitfaden zur Heilpflanzenerkenntnis, Bd. I–III. Dornach 1996 bis 2003; Erwachen an der Landschaft. Dornach 1992.

70 Vgl. Walther Bühler: Nordlicht, Blitz und Regenbogen – Metamorphosen des Lichtes. Hamburg 1982.

71 Vor diesem Hintergrund kann das vom Licht Geblendetsein so aufgefasst werden, dass man nicht stark genug ist, das Licht zu distanzieren, es aus dem Auge herauszusetzen. Das Licht ist so stark, dass es im Auge verbleibt.

72 Gernot Böhme: Licht als Atmosphäre. In ders.: Atmosphäre. Berlin 2013.

73 Gernot Böhme: Licht sehen. In ders.: Atmosphäre. Berlin 2013.

74 Siehe Fußnote 1, S. 57.

75 Siehe Fußnote 1, S. 58.

76 Zum Gottesbegriff in diesem Essay: Es handelt sich, wie alle Begriffe, um einen Hinweis auf eine reale Erfahrung von etwas, das allem Erscheinenden vorausgeht bzw. dieses hervorbringt. Es ist ein ‹vorstellungsfreier›, aber erfahrungsbezogener Begriff für eine Situation, in der ich mich als Sehender befinde. Unbestimmt ist dabei auch, ob es sich in diesem Raum um eine Ein- oder Vielheit handelt. – Aus anthroposophischer Sicht sollte klar sein, dass hiermit der Raum der von der Trinität ‹dirigierten› geistigen Welt der Hierachienwesen gemeint ist. Wolfgang Streit schreibt mit Bezug auf Rudolf Steiner in treffenden Worten: «Das sichtbare Licht kann imaginativ und phänomenologisch als der für Menschenaugen sichtbare Mantel des göttlich-geistigen Willens und der daraus sich bildenden Gedanken angesehen werden.» Aus: Wolfgang Streit: Über das Licht und die Lichtgestalt des Menschen. Die Drei Nr. 5/2016, S. 3–12.

77 Rudolf Steiner: Lebendiges Naturerkennen, intellektueller Sündenfall und spirituelle Sündenerhebung (GA 220), Vortrag vom 28. Januar 1923.

78 Rudolf Steiner: Anthroposophie – ein Fragment (GA 45), Kap. III.

79 Rudolf Steiner: Das Rätsel des Menschen – Die geistigen Hintergründe der menschlichen Geschichte (GA 170), Vortrag vom 12. August 1916.

80 Rudolf Steiner: Weltenwesen und Ichheit (GA 169), Vortrag vom 18. Juli 1916.

81 Siehe hierzu und zu den folgenden Zitaten: Rudolf Steiner: Antworten der Geisteswissenschaft auf die großen Fragen des Daseins (GA 60), Vortrag vom 19. Januar 1911.

82 Siehe hierzu insbesondere Cordula Zeylmans van Emmichoven: Vom Licht der Sinne. Dornach 2015.

83 Rudolf Steiner: Anthroposophische Leitsätze (GA 26): Des Menschen Sinnes- und Denkorganisation im Verhältnis zur Welt.

84 Vgl. Hartmut Böhme: Das Licht als Medium der Kunst. Über Erfahrungsarmut und ästhetisches Gegenlicht in der technischen Zivilisation. Antrittsvorlesung an der Humboldt-Universität zu Berlin am 2. November 1994. Band 66 von Universität Berlin, Humboldt-Universität: Öffentliche Vorlesungen.

85 Hier zeigt sich – wie auch bereits im Kapitel über das Geborenwerden der Welt durch Licht – die unmittelbare Verwandtschaft von Licht und Leben. Es gibt kein Leben, keine Existenz ohne Licht.

86 Diese Spielmöglichkeiten werden durch göttliche Wesen entsprechend den himmlischen Hierarchienwesen der christlich-esoterischen Tradition bewirkt. Diesbezüglich sei u.a. auf Ausführungen Rudolf Steiners in der sogenannten vierten Klassenstunde vom 7. März 1924 über das Licht und dessen Getragenheit durch göttliche Wesen hingewiesen, die aus Respekt vor deren esoterischem Charakter hier nicht zitiert werden.

87 Rudolf Steiner: Einleitungen zu Goethes Naturwissenschaftlichen Schriften (GA 1), Kap. XVI: «Goethe als Denker und Forscher, 2. Das ‹Urphänomen›».

88 Aus: Hartmut Böhme: Das Licht als Medium der Kunst. Über Erfahrungsarmut und ästhetisches Gegenlicht in der technischen Zivilisation. Antrittsvorlesung an der Humboldt-Universität zu Berlin am 2. November 1994. Band 66 von Universität Berlin, Humboldt-Universität: Öffentliche Vorlesungen.

89 Zu dieser vom Himmelsursprung abkoppelnden Wirkung der modernen Mediengeräte siehe auch Hans-Christian Zehnter: Die Erde wird brüchig. Das Goetheanum Nr. 38/2016, S. 5.

90 Vgl. Hannelore Schlaffer: Epiphanie für jedermann – Unsere Computersucht. Neue Zürcher Zeitung vom 14.2.2014.

91 Rudolf Steiner: Die Weltgedanken im Wirken Michaels und im Wirken Ahrimans. In: Anthroposophische Leitsätze (GA 26).

92 Rudolf Steiner: Grundlinien einer Erkenntnistheorie der Goetheschen Weltanschauung (GA 2), Kap. 13: «Das Erkennen».

93 Rudolf Steiner: Die Geheimwissenschaft im Umriss (GA 13), Kap. «Das Wesen der Menschheit».

94 Rudolf Steiner war es wichtig, gerade das Licht als einen realistischen ‹Begriff› aufzufassen, als einen solchen also, der als Übersinnliches im Sinnlichen wirksam sei. Der Schall sei dagegen als nominalistischer Begriff, das heißt als ein Ereignis aufzufassen, das rein sinnlichen Charakter trüge (siehe hierzu u.a.: Mein Lebensgang (GA 28), Kap. V.).

95 Siehe Novalis: Blütenstaub, Nr. 26.

96 Vgl. Hans-Christian Zehnter: Realisieren – Vom Verwandeln der Welt ins Herrliche. Die Drei Nr. 2/2016: S. 38–48.

97 Johann Wolfgang von Goethe: Autobiographische Einzelheiten, Glückliches Ereignis, Goethes Werke, Hamburger Ausgabe, Band 10. München 1998, S. 539.

98 Goethe selbst schreibt hierzu: «Sein Aufsatz über Anmut und Würde war ebensowenig ein Mittel, mich zu versöhnen. Die Kantische Philosophie, welche das Subjekt so hoch erhebt, indem sie es einzuengen scheint, hatte er mit Freuden in sich aufgenommen; sie entwickelte das Außerordentliche, was die Natur in sein Wesen gelegt, und er, im höchsten Gefühl der Freiheit und Selbstbestimmung, war undankbar gegen die große Mutter, die ihn gewiss nicht stiefmütterlich behandelte. Anstatt sie selbständig, lebendig vom Tiefsten bis zum Höchsten, gesetzlich hervorbringend zu betrachten, nahm er sie von der Seite einiger empirischen menschlichen Natürlichkeiten. Gewisse harte Stellen sogar konnte ich direkt auf mich deuten, sie zeigten mein Glaubensbekenntnis in einem falschen Lichte; dabei fühlte ich, es sei noch schlimmer, wenn es ohne Beziehung auf mich gesagt worden; denn die ungeheure Kluft zwischen unsern Denkweisen klagte nur desto entschiedener.» Johann Wolfgang von Goethe: Autobiographische Einzelheiten, Glückliches Ereignis. Goethes Werke, Hamburger Ausgabe, Band 10. München 1998, S. 539.

99 Rudolf Steiner: Mein Lebensgang (GA 28), Kap. XVII.

100 Rudolf Steiner: Die Philosophie der Freiheit (GA 4), Kap. V: «Das Erkennen der Welt».

101 Ich fühle mich hierbei erinnert an die Darstellungen Rudolf Steiners zu den verschiedenen Wirklichkeitsqualitäten der Naturreiche: Die Pflanze sei nicht ein Physisches, in dem ein Ätherisches lebt, sondern ein Ätherisches, das mit Physis durchsetzt ist, um zur Erscheinung kommen zu können. Die Pflanze sei daher eine lebendige Imagination. Ähnlich scheint es mir mit dem Licht. Vielleicht kann man das Licht als eine ‹scheinende› Imagination bezeichnen. Das Sinnliche (die Farbe) wird dabei durchlichtet, mit Lichtäther durchsetzt, und aus dem bloß physischen Dasein herausgehoben. Siehe Rudolf Steiner: Das Geheimnis der Trinität (GA 214), Vortrag vom 28. Juli 1922.

102 Georg Maier: Optik der Bilder. Kooperative Dürnau 1986, S. 109.

103 Rudolf Steiner: Mein Lebensgang (GA 28), Kap. X.

104 Siehe hierzu u.a. Georg Maier: Optik der Bilder. Dürnau 1986. Ders.: Blicken, Sehen, Schauen. Dürnau 2004. Ders., Steven Edelglass, Hans Gebert and John Davy: The Marriage of sens and thought. New York 1997. Ders., Ronald Brady and Stephen Edelglass: Being on Earth. Berlin 2012.